早く正しく決める技術

当机立断

通过"数字·事实·逻辑"做决定

[日]出口治明 著
日本生命网络（LIFENET）人寿保险公司会长兼CEO
黄宝虹 译

江西人民出版社
Jiangxi People's Publishing House
全国百佳出版社

序　言

有人希望我教给年轻领导"快速准确做出决定的方法"，于是便有了这本《当机立断：通过"数字·事实·逻辑"做决定》的诞生。

不知为何，我总给人一种很有决断力的印象。

其原因之一应该是我虽已年过六十，但还重新创业、开办人寿保险公司吧。我经常被评价"您真是有决断力啊"。（说实话）当时做决定真的很快，对方一提出建议，我就答应了。

早前，朋友向我介绍了飞鸟资产经营管理有限公司的CEO谷家卫先生。他说想学习关于人寿保险方面的知识，正在到处托人询问。我不会拒绝朋友的介绍，于是很快与他取得了联系。那是2006年3月的事情了。

第一次见到谷家先生是在酒店大堂，与他谈起有关寿险的事时，他突然跟我说："我第一次遇到这么了解保险的人，我会全力支持您，所以请加入我的团队吧！我们可以一起创办保险公司！"我对谷家的印象不错，立即回应："可以呀！"

当时我在日本生命保险公司旗下的大星建筑管理事务所工作。三个月后，我在股东会上辞去了董事长职务。

岩濑大辅是和我一起创办新寿险公司的合作伙伴，我们二人年纪差了一代（我的岁数大概可以当他父亲）。谷家说要向我介绍一个"不懂寿险的年轻人"，这人便是岩濑。

就这样，日本第一家互联网人寿保险公司"生命网络（LIFENET）"在2008年5月18日顺利开业了［具体参照《直球胜负的公司》（钻石出版社）］。

生命网络人寿保险公司创办初期的主要构想是以下三点：

"创造出花一半保费也能安心分娩的社会""杜绝拒缴保费""公布人寿保险商品的对比信息"。想要实现这样的构想，除了创建一个私营的人寿保险公司之外别无他选。

之后，为了使生命网络人寿保险公司步入运营正轨，我们也进行了许多构思，其最终实施也都是靠决断力来推动的。

这并不是因为我有何特殊之处，而是想要做前人未为之事就必须如此。

而且，虽然对象和范围不同，从公司的新职员到管理者，大家每天都在做出决定，这也是工作中不可或缺的一部分。在本书中，我想分享给大家一些我自认为有必要的、可以做到不被多余因素干扰，并能快速准确做出决定的方法。

通过这本书，读者若能提高自己的"决断力"，哪怕只是一点点，我也会感到无比荣幸。最后，我要感谢日本实业出版社的多根由希绘及作家小川晶子。因为她们这本书才能问世，在此对她们表示由衷的感谢。

我也衷心地期待读者对本书的感受、批评和建议。

邮箱：hal.deguchi.d@gmail.com

2014年3月

日本生命网络人寿保险有限公司会长兼CEO　出口治明

目 录

序 言 1

序 章 能做决定的人会推动事业发展
　　　　这是个靠自己的头脑赢得好评的年代 1

01 思考后做决定可以推动事情的进展 2
　　日本人不能做决定？ 2
　　不需要自己思考的好时代 4
　　在不需要思考的年代，不作为更受欢迎 5
　　用自己的脑袋思考做出决定的好时代 7

第1章 为什么总得不出正确的决定
　　　　80%的随意想法阻碍决定 9

01 做决定其实很简单 10
　　以"哪一种更有利"为选择标准 10
　　"多余因素"阻碍决定 11
　　"多余因素"的具体案例 12
　　方案通过是另一个领域的游戏 14
　　方案通过，需要看时机 14

02 "无法舍弃"所以无法做决定 16
　　折中的思考方法 16

"可以冒的险"和"不可冒的险" 17

03 用"数字、事实、逻辑"理论来做决定 20

"数字、事实、逻辑"理论是全世界通用的规则 20

从"各种观点"中,得出一个结论 23

靠"数字、事实、逻辑"理论快速做出决定 24

通过"数字、事实、逻辑"理论,孕妇也能买保险 24

第2章 "数字""事实""逻辑"建立起的规则
世界共通的"决定"机制 29

01 考察思维能力的"重大课题" 30

重大课题 30

02 "数字" 32

听起来不错的计划背后 34

养成核对原始数据的习惯 35

一天检索10次信息 36

忽略他人意见,核对一手资料 38

横纵对比 39

03 "事实" 42

"客观事实"与"意见"的处理方法 42

一个顾客的意见不是事实 43

04 "逻辑" 44

什么是好的逻辑 44

少子高龄化社会给工作者增加多少负担 46

多视角思考的诀窍　50

　　　让外行人加入讨论中　50

　　　增加自身的"x"　52

　　　败给逻辑——鸽子吃豆计划　52

05　重新评估逻辑的方法　56

　　　分清主次　56

　　　主次中应该改变哪一个？　58

　　　数字和事实改变的话，逻辑也会改变　59

06　深究根源　62

　　　对"前提"持怀疑态度　62

　　　听取外行人意见而设立"晚10点结束的客服中心"　63

　　　想快速做决定就"绕个弯"　66

07　"重大课题"的答案　68

第3章　构建团队做决定的规则
　　　　　　为了将"不能做出决定的人"变成"能做决定的人"　79

01　为了准确推进事情发展而制定"既定"规则　80

　　　无效率的长时间思考也得不出答案　80

　　　为了"做出决定"，先定出"舍弃的总量"　82

02　制定出大家"必须做决定"的规则　83

　　　划分时间段　83

　　　当心规则统一的错误想法　84

7

普及"数字""事实""逻辑"的思维方式　86

　　上司不给出答案　87

　　交给部下　88

　　如果有人找你商量"不能做决定"这个问题　90

　　将核心价值书面化　91

　　"少"而精　95

第4章　边实施边完成
　　　　　在尝试与更正中前行　97

01　觉得有七成把握就行动　98

　　在尝试和错误中找到正确思路　98

　　自带便当也要进行全国演讲　99

　　尝试，并将最好的方法继续下去　101

　　小诞生，大培养（小试牛刀）　102

　　尝试中，可预知效果　103

　　与常人做一样的事无法开拓新路　104

第5章　遵循那1%的直觉
　　　　　越是重要的时刻，越容易产生第六感　107

01　迷惑的时候，靠直觉　108

　　直觉果然是正确的　108

　　积累越多，直觉越准　109

　　无法靠直觉行动的理由　110

　　失败是正常的　112

向他人说明凭感觉做决定的事　112
　　　即使没有信心也得做决定　113
　　　失去理智的时候　114

02　为了锻炼直觉　115

　　　锻炼第六感的积累　115
　　　旅行——会有意想不到的发现　116
　　　书本——与实际体验有同样的影响力　116
　　　人——说出"yes"能收获许多　118
　　　体会前人的思考过程　120
　　　为了怀疑"常识",学习工作以外的知识　122

最终章　工作只占人生中的30%,该如何去决定
　　　　　　为了更好地活着　125

01　无法做决定的根本误区　126

　　　工作只占人生的30%　126
　　　位子越高,越应该遵循"工作占三成"法则　128
　　　"人生的30%"连接着世界经营计划的子系统　129

后　记　131
出版后记　133

序　章

能做决定的人会推动事业发展

这是个靠自己的头脑赢得好评的年代

● 思考后做决定可以推动事情的进展

01　思考后做决定可以推动事情的进展

日本人不能做决定？

希望有人来做决定……

迟迟未能做决定……

即使做了决定，也为正确与否而感到不安……

我经常听到这样的烦恼。那为什么总是做不了决定呢？

日本人总是被认为决断力弱。大概意思就是，日本人喜欢模糊了事。但是我认为这种观点有待商榷。

即便说日本人决定能力弱，也并不是其固有特征。这其实是在战后"1940年体制"经济高度成长的影响下，日本人偶然表现出一种决断力弱的特点而已。

人们的自我意识本来就只是反射其成长环境的一面镜子。

读者朋友们，假设您明天生出一个小孩，然后后天将其送到华盛顿去当别人家的养子。10年后再相遇的话，您认为这个孩子的性格特征更偏向日本人还是美国人？答案显而易见。也就是说,世界上并不存在民族特征这一说法,因为人类智力是相似的。

在讨论决断力这个话题之前,我想就媒体的信赖度做一些阐述。

您有看报纸的习惯吗?近年来,年轻人越来越少看报纸了。

据日本报纸协会调查,2000年报纸发行量为每千人570份,与此对比2014年报纸发行量跌到每千人469份(总体发行量减少13%)。

即便如此,与世界各国相比,日本依然是报纸发行大国。对比其他国家每千人的报纸发行数据:美国(183份),中国(110份),英国(247份),德国(254份),法国(177份)等,可知日本绝对是报纸大国(日本报纸协会2012年调查数据)。

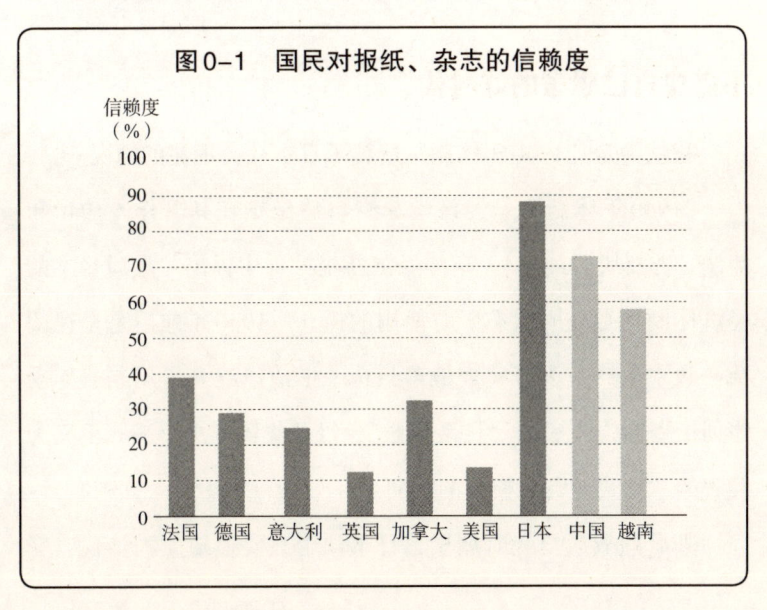

图0-1 国民对报纸、杂志的信赖度

还有一些更有趣的数据。

以上是各国对媒体信赖度的比较数据［图0-1 信息来自2005年世界价值观调查（World Values Survey）］。

调查结果显示，日本人对报纸、杂志"非常信任"和"相对信任"的比例远超80%。

条形图中颜色深的柱状体代表的是G7的成员国，即使是对媒体信赖度相对较高的法国，其程度还是不如日本，仅为四成。英国仅一成多一些的人对媒体持信任态度。

看到这个数据之后，许多人都会感到意外。

"外国人那么不信任媒体吗？"

然而，从外国人的立场来看，难道不是日本比较特殊吗？至今日本仍是个报纸发行大国，市民对媒体信任度极高。

不需要自己思考的好时代

我认为是"1940年体制"造就了日本社会现在的情况。

"1940年体制"是经济学家野口悠纪雄在其著作《1940年体制，告别战后经济》（东洋经济新报社）中提出"战后日本的经济体制仍是战时状态"时使用的概念。1940年前后是全民团结一致求生产，为了完成战略目标，形成以终身雇用制、年功序列工资制为代表的"日系企业"，以及集体主义、平等主义为代表的"日式经营"模式的时期。

其后的战后复兴时期里，日本认为只要追随美国步伐，努力提高生产力就能使国家富强。此时比起发展多样性，全民团结齐心，往一个共同的目标努力显得更为重要。"1940年体制"完全顺应当时的时代需求。因此，日本经济的成长速度也令人惊叹。

在经济高度成长期，日本人不用靠自己思考。

因战争而变得一片狼藉的日本，在思考如何重建国家的时候，认为只要像美国一样发展加工贸易业即可。（当时的人们认为）如果日本也能发展起像GM（美国通用汽车公司）或者GE（美国通用电气公司）那样的企业，致力于出口产业的话，经济就能得以发展。日本想以美国那样的经济大国为目标，否则便无法实现复兴。

也就是说（当时的）目标和方法都很明确，剩下的就是由谁来分配资源这一问题罢了。

霞关的公务员们按复兴计划分配了资源，市民们什么都不必考虑，只要按照他们的盼咐进行工作，便能像预想的那样实现经济增长。在这样的时代背景下，很容易形成信赖报纸、杂志（即自己不用思考）的社会氛围。

在不需要思考的年代，不作为更受欢迎

从1956年加入联合国（重归国际社会）开始，到1990年爆发经济泡沫，日本在这34年间的实际经济增长率约为7%（这期间仅在第一次石油危机时出现负增长）。

不知大家能否理解连续34年保持7%的经济增长率是怎样

一种概念，为了便于理解，下面使用"72法则"进行说明。

"72法则"是利息的复利效果，即像滚雪球一样越积越多的简易版表达方式，其内容如下：

> **"72 法则"**
>
> 72 ÷ 利率（%）＝本金翻本所需年数

根据这个式子，假设利率为8%，可知只需要9年时间100万日元就能变成200万日元（72÷8＝9年）。

如果将利率等同于经济增长率，72÷7≈10年。那么只需要10年，经济就能翻倍。

也就是说，在经济增长率为7%的高度增长阶段，10年时间经济就能翻倍，再过10年又增长一倍，34年来持续以7%的速度增长，确实是个了不起的时代。

在那样的时代，无作为的领导会更受欢迎。做新的事情（与众不同的事）的话，成功率和失败率各半。与其尝试新鲜事物后失败，不如老老实实地不作为，顺应时代潮流，10年后销售额也会翻倍。

员工也是如此，做着与大家一样的工作，工资自然就会上涨。自己思考（有自己的想法）可能还会阻碍经济发展，按照命令努力工作才是最重要的。

因此，现今日本人大多不想动脑思考，但这绝不是日本的国民特性，只是受"1940年体制"的影响罢了。

用自己的脑袋思考做出决定的好时代

然而，现今日本的经济状况如何呢？

众所周知，零增长——陷入增长率为0的状态。当然现在也已经不是什么都不做10年后收入也能倍增的时代了。

既然如此，只能动脑思考了不是吗？动脑思考，勇于冒险。成功的话企业获利，失败的话企业亏损，这是社会上再正常不过的事情了。

这才是正常的社会运作方式。对应规则就是开动脑筋思考、努力上进的人得到回报，偷懒、不愿努力的人一事无成。

在工作上，首先要会做出决定。然后是行动，做出成果。

仔细思考的话，做决定并不是一件困难的事。或者更进一步说，就算已经做了决定，但也不代表一成不变；可以一边实施一边修改意见。但是，如果一开始就无法做决定，事情也将得不到进展。

没有养成动脑思考的习惯也没有关系，本书将着力于介绍简单思考、正确做决定的规则和诀窍。这些内容也许并不能马上掌握，但也请读者朋友们尽力尝试吧。

第1章

为什么总得不出正确的决定

80%的随意想法阻碍决定

- 做决定其实很简单
- "无法舍弃"所以无法做决定
- 用"数字、事实、逻辑"理论来做决定

01　做决定其实很简单

以"哪一种更有利"为选择标准

实际上,在职场上做决定并不比在生活中做决定难多少。

从应该开发什么样的产品、提供什么样的服务,到会议的筹备、公司必需品的购置等日常琐事,都有其明确的目的。困惑的时候,只需要参照其目的性,考虑哪一种方案更加高效合理即可。

"**困惑的时候,考虑哪一种方案更有利**"是工作中的恒定准则。企业没有理由选择不利于自己的选项。

不管是什么样的工作,都会有其目的性,因此只要认真分析,自然能得到答案。当然这其中也有不确定因素,但即使没有100%,也有90%左右的案例能通过这个方法得到正确答案。

然而现实中多数情况下我们很难得到正确答案。即使做了决定,也不一定是正确的决定。这是为什么呢?

原因是,考虑了"**多余因素**"。

"多余因素"阻碍决定

假设我们要向上司提交一份企划书,就必须从多个方案中选出自己认为最合理的一个交上去。然而,无论如何都选不出一个最佳方案。这个时候常常伴随的便是如下的思考:

"这样的方案会招上司烦吧?"(上司的脸色、喜好)

"因为是第一次尝试,有许多麻烦和问题。我可能做不到?"(自己有无经验)

"之前也提过类似的方案,被否定了,这回应该也不行吧?"(过去的失败经验)

"跟之前成功的案例一样,这个应该可以提交,先定这个吧!"(成功经验)

"与自己的原则相悖,放弃吧!"(自己的工作理念等)

这些全都是阻碍做出决定的"多余因素"(见图1-1)。

正是因为这些与工作目的无关的个人感情或者公司政策,而迟迟不能做出决定。

如果想考虑方案A和方案B哪个比较好的话,应该要单纯地考虑哪个更有利,与上司的想法、过去案例是没有关系的。

◎ 上司的脸色和公司的制度

◎ 自己有无经验

◎ 过去的经验

◎ 工作理念

上述这些事情,都与工作本身的"决定"没有关系。

图 1-1　阻碍正确决定的"多余因素"

> 原　则
>
> 以"哪一种更有利"为选择标准

无须考虑的多余因素

- 上司的脸色
  （这个方案，上司会不喜欢吧……）
- 公司的制度
- 自己有无经验
  （没经验，所以放弃吧）
- 过去的经验（成功、失败经验）
  （之前失败过，这回大概也不行／和之前的一样，应该也能成功）
- 工作理念
  （因为与自己的工作理念不合，放弃吧）

"多余因素"的具体案例

请思考以下案例：

1.一家经营餐饮业的公司，三年前在社长号召下新开设了网络媒体事业。通过将国外的趣闻做成合辑介绍给国内这一方法，增加了访问量，也赚取了广告费。然而，只有第一年真正获利，随着其他公司推出许多相同的网站，该公司便持续出现赤字状态。每个月给外出记者、设计师的费用大约50万日元。公司没有专职的编辑，网页是请兼职人员来做的。网络媒体事业与公司的本行业——饮食业几乎没有任何联系，职员都认为应该停止这个项目。但考虑到"这个项目是社长提出来的，不好说出让他停办这样的话，再观察一阵子吧"，便没人提出意见。

2.一家经营房屋租赁管理的公司，（有人）考虑在公司顶楼搭一个菜园，与该区域的孩子们一起享受收获蔬菜的乐趣，同时也可以将其作为体现企业责任的一个项目。他认为公司的发展与得到社区民众的支持一样重要。把孩子们与公司职员一起栽种蔬菜的照片放到公司主页，也能获得该地区人们的好感。然而，他考虑到上司并不太喜欢小孩，觉得这个方案可能会不太顺利，还是选择清扫社区这个方案比较保险。

1的问题是"与预算不符的网络媒体项目是该继续还是该终止"。

2的问题是"作为对社区的贡献活动，是选择在公司顶楼搭建菜园还是选择清扫社区卫生"。

本来应该考虑的是哪一个选项更加有利，然而却因为考虑了"是社长做的决定，不好说出反驳意见""上司可能会对这样的方案感到反感"这些多余的因素，导致无法做出决定。

方案通过是另一个领域的游戏

不过很多人大概会想"即使我从利益的角度出发做出了决定，上司不同意也没办法呀"。

的确如此。

就算做出了决定，事情也不一定会按自己所预想的那样进行。确定了方案A，并不代表这个方案就会被上司和顾客采纳。因此决定一个方案之后，我们应该还要考虑"怎样让这个方案通过"。不过，这是在决定了一个方案"之后"才需要考虑的事情。夹杂在一起进行的话，会让事情变得很混乱。

比如1中应该是先决定"停办网络媒体项目"，之后再考虑"怎样让社长同意我的意见"。

同样，2也应该是要决定了"在天台搭建菜园"，再考虑怎样得到上司的认可。

无法做出决定的人，其实是无法将"做出决定"和"使方案通过"这两者区分开来。

一定要理解"做出正确的决定"和"使决定通过"是两个完全不同的问题。

方案通过，需要看时机

想让方案通过，应该怎么做呢？

假设你上司是低血压患者，一般在早上会心情不佳。想要向上司传达自己的方案，就应该避开早上的时间。这样的行为可能会被认为很无聊，但"什么时候提出"也是使自己方案通过的一个重要因素。纵观历史，名臣向皇帝或诸侯提出意见的时机（时间和场所）都很巧妙，这一点实在令人钦佩。

另外在方案用词上也应该使用能让上级满意的词汇，又或可以进行事前报告等"使得方案通过"的方法。

对方也是有个性的人，并不一定那么容易被说服，所以有必要根据对方的个性调整方法。

如果非要我说出一个方法的话，那就是注意**"说出方案"**的时机。不论是多么完美的方案，如果是在不恰当的时候提出来，很可能就不会被对方接纳。

要抓住提出方案的时机，就需要仔细观察对方的状态，包括对方的身体状态、心理状态，之后寻找恰当的时机。

比如：

◎ 上司开始讲与方案类似的话题

◎ 上司完成工作，比较悠闲的时候

◎ 上司看上去心情不错等等

然而，做出决定最根本的因素不是上司的脸色。而是尽量不要被上司的心情、工作的理念等左右，为了使方案通过，最重要的是在公司里制定"正确做出决定的规则"（例如：超出一定预算金额的方案要提交到特殊"会议"进行讨论等）。

02 "无法舍弃"所以无法做决定

折中的思考方法

做决定，其实就是选择一方同时也要舍弃一方的过程。所以，很多情况下"无法做决定"就是"无法舍弃"。

生命网络人寿保险公司要将保费明细，即制造原价（纯保险费）和公司经费（附加保险费）的明细信息公开时，受到了这样的质疑："这样做难道不会受到其他寿险公司的排挤，从而阻碍公司发展吗？"

碰到这种问题时，我总会回答："不好意思，这个问题毫无意义。"正所谓"一石激起千层浪"，从没听说过这世上有人做一件前人未做之事时，却没有受到任何阻挠的情况。

"做前人未为之事"差不多就等同于"受旧势力排挤"。如果不想受旧势力排挤，就不要创新，这种情况下就是"**鱼和熊掌不可兼得**"，一石怎能不激起千层浪呢？

也存在一开始在做前人未做之事，中途却为迎合旧势力而放弃的案例。可能会被评价"这家伙虽然很年轻，但是很了不起"，这只能说明旧势力没有在威胁而已。

做决定的时候，必须综合考虑，并明确会得到什么，失去什么。因为有舍必有得，不需要太过惊慌。请尽量客观地考虑当下哪个是最佳选项。

在开展生命网络人寿保险这个计划时，最令人困惑的地方是平台系统的构建。在将核心系统与网络链接系统交给外包公司时，是该选择A公司（好评率高的大企业），还是B公司（效率高的新兴企业），我迷茫了。

A公司，在开发前要对软件需求进行详细的了解。而B公司是先制定出框架，再对其中细节进行询问。当时必须在这两者之间做出决定，最终我们选择了新兴企业B公司。其中最重要的原因是，当时我们还没确定商品的条款（需要工商局的认可），没有办法给出详细的开发需求。对于还没有拿到寿险许可证的我们来说，当时的决定是最合理的。

客观地判断当前状况，就能选出最佳方案。而客观地做出决定的基本方法就是本书中要介绍的"数字、事实、逻辑"理论。

"可以冒的险"和"不可冒的险"

风险和回报是并存的。这世上的事物一般都是"高风险高回报""一般风险一般回报"和"低风险低回报"，而"高回报低风险"是不可能存在的。如若惧怕风险或不敢冒险，便什么都得不到。

说"不要畏惧风险"，只是因为碰到的风险都与自己的能力相当罢了。

即使有"投资一千万日元在三年后能获得巨大收益"的项目，只有一百万日元注册资金、三名公司职员的小公司也不应该去冒这个险。在公司管理中，绝对不能有这样一种想法——即使一千万资金"打水漂"，公司职员们失去工作，也要碰运气赌一把。这就是"不可冒的险"。因为做生意的根本原则是"可持续性"（不倒闭）。

这是非常基本的原则，在这里我们浅谈一下投资这个话题。首先介绍一下已经为人熟知的"投资三分法"。

为了维持我们的日常生活，金钱一定是不可或缺的。我们一般将马上要用的钱放入"钱包"，把现在不用但以后会用到的钱储存起来成为"存款"（顺便说一下，存款的价值在于流动性（随时取现），而不在于利率。原则上，即便利率再低，存款的价值也不会下降）。

钱包、存款以外的钱，简单来说哪怕不经意丢了，也不影响基本生活的就是用来"投资"的钱。因此，不能将生活费用拿来投资。投资自然存在风险，即使用于投资的钱全部没了，还是要有能维持生活的"钱包"和"存款"。

与此相同，每当为该不该冒险而感到困惑时，首先要确定"如果失败，还有没有能力生存下去"，确定可以生存下去之后，再考虑"有多少成功概率"（见图1-2）。

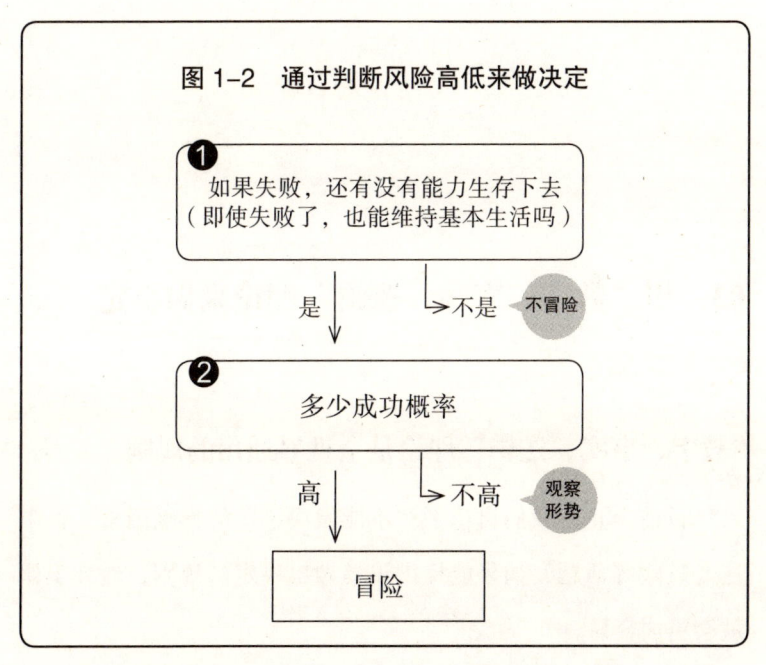

图 1-2 通过判断风险高低来做决定

❶ 如果失败,还有没有能力生存下去(即使失败了,也能维持基本生活吗)

是 ↓　不是 → 不冒险

❷ 多少成功概率

高 ↓　不高 → 观察形势

冒险

这个顺序很重要。因为不知道能不能成功,虽说可以靠直觉来做最后决定,但是前提必须是要有投资能力。也许有人会认为如果以有能力为前提,再去投资的话,投资就失去其魅力,变得没那么刺激,但是生意场上就不能如此考虑。"冒了险而失败"的人,在很多情况下就是冒了本不该冒的险。

伦敦的赌场是根据最低交易金额设定包间的。分别设有最低交易金额1英镑、10英镑、100英镑的包间,想玩的客人根据自己的能力选择包间,尽情游戏。至于想要玩什么样的游戏或怎样取胜,则是之后才需要考虑的事。只有100英镑资金的话,一般是不会进入100英镑包间的,因为只要输一次,便是满盘皆输。

03 用"数字、事实、逻辑"理论来做决定

"数字、事实、逻辑"理论是全世界通用的规则

目前为止,我们讨论了"不能做决定"的影响因素、折中法及风险等话题,如果能提供正确做出决定的规则,后续工作就会更加容易。

个人最想推荐"数字、事实、逻辑"理论作为公司中正确做出决定的准则(见图1–3)。

数字指的是数据,事实是与数据相关联的事项或过去的事实,逻辑是指用来做出最终决定的理论依据。

接下来先举一个非常简单的例子:

<某个餐馆的例子>

◎ 数字　去年开始市区内孩子的数量一直增长

◎ 事实　附近搭建起许多面向小家庭的公寓

◎ 逻辑　可以增加针对儿童的菜单

这个决定初看是正确的,但是再仔细观察一下相关数据,

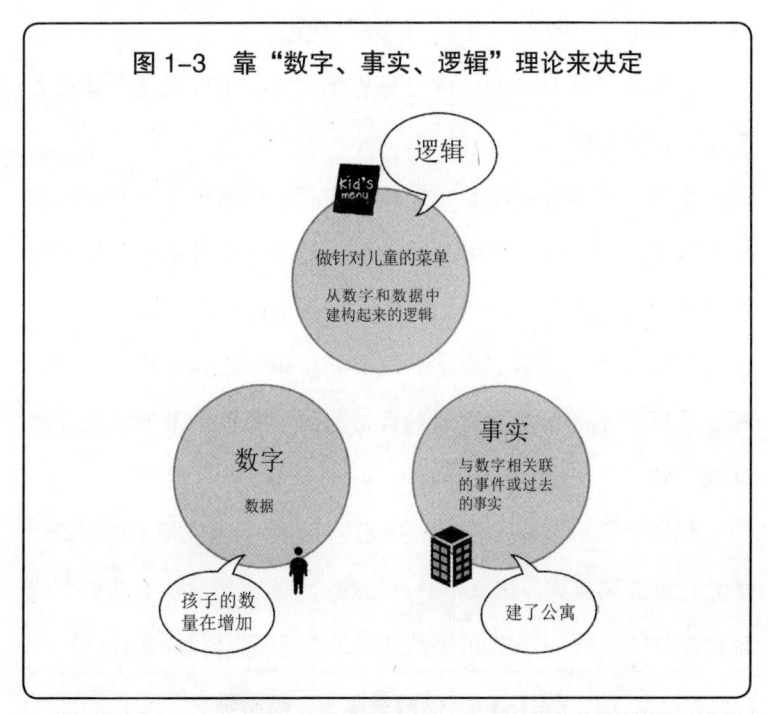

图 1-3 靠"数字、事实、逻辑"理论来决定

- 逻辑：做针对儿童的菜单（从数字和数据中建构起来的逻辑）
- 数字：数据（孩子的数量在增加）
- 事实：与数字相关联的事件或过去的事实（建了公寓）

"虽说是小孩，但大部分是中学生"，只增加针对儿童的菜单绝不是最佳方案。

逻辑是：以 $y=f(x)$ 的函数关系式打比方。如果 x（自变量）只是指"孩子的数量增加"；其中 $x1$ 是"孩子的数量增加"，$x2$ 为"实际上增加的人数大部分是中学生"；将这两种情况进行对比，y（因变量）会因 x 的数量越多，而得到越精确的结论。（见图 1-4）

数字怎样堆列出事实呢？如何利用数据和事实，且拿出多少数据和事实来验证逻辑的准确性，都需要仔细思考。

我经常跟生命网络的职员说"不要用文字思考，用数字"，其实说的也是"数字、事实、逻辑"理论。

这绝不是我自己开创的特殊思维方式，可以说是全球商务决策的共同准则。

世界一流企业中聚集了国籍、文化、价值观各不相同的形形色色的人。不同人聚集的团体里，并不会像日本企业那样有着共同的"气氛"。每个人在其不同的文化中产生特有的思考方式和价值观。只有"数字、事实、逻辑"这点能相通，通过相互验证数字和事实及逻辑的合适与否，集体内部的意见才能达成一致。

将这个简单合理的逻辑在公司内部推广，大家便不会在意年龄差距和性别差异。也就不会再出现"年龄差异太大，真是不能理解在想什么啊""女性的感性认识果然不行"这样的想法了。

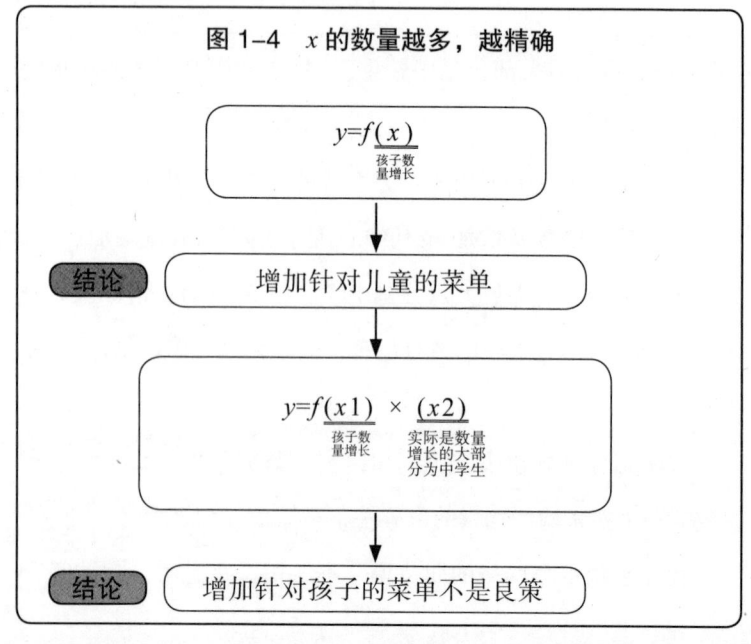

图 1-4　x 的数量越多，越精确

$y=f(x)$
孩子数量增长

↓

结论　增加针对儿童的菜单

↓

$y=f(x1) \times (x2)$
孩子数量增长　实际是数量增长的大部分为中学生

↓

结论　增加针对孩子的菜单不是良策

从"各种观点"中，得出一个结论

我和合作伙伴——岩濑（社长兼COO）的年龄差约为30岁。

我经常会被问："（你们）年龄差距这么大，很难达成共同意见吧？"他们想表达的意思应该是年龄差距大，想法和价值观也有差距，自然会有意见冲突。

然而，请问之前稍微思考一下。

生命网络人寿保险公司有类似"公司宪法"之类的声明书。这是还没有任何职员时，我和岩濑两个人经过全面讨论制定出来的。我们两个人很认真地制定了公司内部一些核心内容和价值观，比如：自己创办的人寿保险公司该是什么样子、公司的风格应该是什么样的、公司要达成什么样的目标等，还包括公司短期及中期经营计划。因为我们有共通的理念和明确的方向，就不会存在"意见不合"的情况。

在制定声明书和经营计划时当然也会出现意见不统一的情况，但是意见相冲突，或者想法完全不同却几乎没有。因为我们各自将数字、事实、逻辑罗列出来，便能知道谁的想法比较不可行。

如果我拿出十年的数据，岩濑只拿出三年的数据，可以简单认为岩濑的想法比较不成熟，相反"因为环境变化，旧数据发挥不了作用"，岩濑的三年数据可以起到补充作用，那么就是我的想法不够合理。

简单而言，主要是要考虑$y=f(x)$中变量x的质与量的准确程度，因此我们二人讨论起问题很容易得出结论。

靠"数字、事实、逻辑"理论快速做出决定

经常有人说，日本大企业中职员大部分是50~60岁的男性，他们的毕业学校、工作经历都很相似。这也就意味着经历相似的一群人会聚在一起开会。

即使是这样，他们也迟迟做不了决定，得开好几小时的会，甚至要开好几次会。可能是经历相似的人反而更会相互制约吧。

那么，以编外职员为中心、女性员工、年轻职员及外国员工居多的外国企业情况又如何呢？大家的文化和兴趣各不相同，一定也有各种不同的价值观。然而，这样的企业比**职员经历相似的日本企业能更快做出决定**。

这是为什么呢？

如果说年龄、性别和国籍上的差异容易发生意见冲突，阻碍做决定的话，那这个现象要如何解释？

是否在于他们"**用数字、事实、逻辑做决定**"？

事先决定"用数字、事实、逻辑这个理论进行商谈"的话，不管有多少多样性，也不会阻碍集体做决定。

通过"数字、事实、逻辑"理论，孕妇也能买保险

"想创造出让孕妇投下半价保费便可安心生育的社会"，靠

着这样的想法，我们成立了生命网络人寿保险公司。

但是，大部分人寿保险公司不允许孕期超过27周的孕妇参保。生命网络不会因为被保险人怀孕而限制其参保，孕期超过27周的孕妇也可以随时参保。当然，参保后产生的保费，也会根据既定条约让其进行付款。

经常有人说"怀孕超过27周也能参保太棒了"，其实用"数字、事实、逻辑"这个理论来思考的话，就能知道并无稀奇之处。

为什么要"限制孕妇参保"呢？

众所周知，人寿保险和存款不同，是收益相当高的一种金融产品。出险时，每月可以得到比保费高出许多的赔偿金，因此许多人都愿意加入。

假如每个月缴5 000日元保费，被保险人过世之后就会得到3 000万日元的赔偿金。被宣判只有三个月生命的人，只要缴15 000日元的保费就能得到3 000万日元的赔偿金，论谁肯定都想购买保险。

但是，这样一来保险公司就会破产，对健康的人也并不公平。对人寿保险这样的机构来说，最重要的还是公平性。

因此，一般应该从健康群体的角度出发，保证其公平性，根据申请人的健康状况（本人的述说或是体检的结果），决定要不要让其参保。简而言之，就是病患者（死亡风险高的人）应该"痊愈后再参保"。

由此人寿保险公司经常会有参加限制，即哪怕得些小病也会拒绝让其参保。

人寿保险公司的管理者大部分是男性，不太了解女性的身体状况。他们把怀孕、生产想象成死亡风险高的情况，因而决定"拒绝孕期27周以上的孕妇参保"。

然而，人寿保险参保条件最根本的决定因素是"预计死亡率"表格中的数据，表格中本来就包括了孕妇。

从预计死亡率来看，现在30岁的女性在65岁前离世的概率约为10%，这其中当然也包括孕妇。保险公司应该以这个数据为基础进行保费计算，维持公司经营，而这数据中本来就包括孕妇，因而也没有必要把孕妇排除在外（见图1–5）。

图 1–5　孕妇也能参保的"数字、事实、逻辑"理论

数字：30岁左右的女性在65岁前离世的概率约为10%

事实：以上的数据本来就包含了孕妇

逻辑：没有必要将孕期超过27周的孕妇排除在参保范围外

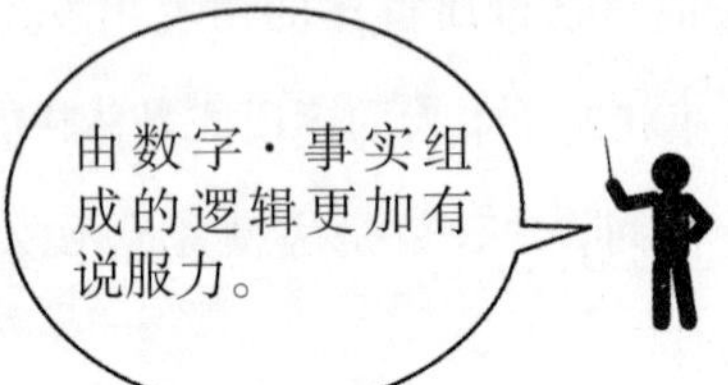

由数字·事实组成的逻辑更加有说服力。

我们还做了如下思考。

怀孕、生产是件很自然的事情，对社会而言也是件可喜的事。如果人寿保险公司拒绝孕期超过27周的孕妇参保，就相当于认为怀孕、生产会有不好的结果。这样的想法太奇怪了。

提供"孕期超过27周的孕妇也能随时参保的保险"，与生命网络人寿保险公司的创立理念——"创造能安心生育的社会"紧密相连。

按照这样的逻辑，我认为孕期超过27周的孕妇参保也是理所应当的。

即便意见统一，而完全不去核对数据，只是单纯地说"想支持孕妇，所以希望她们随时加入"，这样的意见很容易会被驳回。一旦上司责问："孕妇数量增多，公司效益变差的话你能负责任吗？""孕妇的死亡率不高吗？"便会无言以对。

因此，**不管是什么事情，都应认真对照数据，遵循事实从而构建逻辑**。

下一章，我将就"数字、事实、逻辑"这个理论做更深入的探讨。

第2章

"数字""事实""逻辑"建立起的规则

世界共通的"决定"机制

- 考察思维能力的"重大课题"
- "数字"
- "事实"
- "逻辑"
- 重新评估逻辑的方法
- 深究根源
- "重大课题"的答案

01 考察思维能力的"重大课题"

今后的时代属于有自我思考能力的人。

生命网络人寿保险公司的常规招聘中，为了考察用"数字、事实、逻辑"思考的能力，会给应聘者出一个"重大课题"，希望他们给出答案。

形式和字数（张数）不限，请他们对这个并不能轻易解答的问题给出自己的见解并邮寄回公司（常规招聘的应聘资格设定在"未满30岁"。中途录用的人"年龄不限"，必要时也可破格录取。因为不限年龄，所以即使应聘者超过60岁也没有问题）。

2013年的常规招聘中，我们出了以下这道课题。

重大课题

你突然接到内阁总理大臣发来的任务："利用网络，研究出解决日本少子化问题的方法。"

①阐明日本社会的少子化现象及其产生的原因。

②在①的基础上，提出必须解决的问题。

③利用网络制定解决该课题的策略,并将费用与预期效果计划一并提交上来。

生命网络人寿保险公司是新兴企业。即使录用再多与别的公司(例如大型的寿险公司)持相同想法和执行力的人才也不一定会有竞争力。我们需要的是有创造力的人才,新兴企业想要胜过老牌大企业,只有创新。

因此我们出了这样一个可以考察"思维能力"的题目,考察的最好办法是让其写作。然而不是任其随意书写,而是针对某一话题阐述自己的想法。

如果是你的话,会怎么处理这个问题,提出什么样的方案呢?

请尝试思考并给出自己的答复(参考答案,将在第68页中介绍)。

如此,我先给大家提出了这么一个问题。我们这章主要探讨的是做决定的前提——"数字、事实、逻辑"理论。

02 "数字"

用数字，而不是文字思考问题。

假设你身边有一个人"不想让孩子吃美国生产的农产品，所以坚决不买美国的农产品"。因为她看了美国农民用直升机将农药撒到农作物上的视频。她认为美国的农作物浸有农药，不能让孩子吃那样的食物。

您对这样的想法又怎么看呢？

按"字面"意思，这并不是什么奇怪的事情。合乎情理，也不是荒诞的结论。但是如果换成用数字思考的话，结果会怎样呢？

我们试着用OECD（经济合作与发展组织）中的统计标准，比较美国与日本两个国家平均每公顷农业用地中的农药使用量。比较的结果是：日本每公顷农作地用农药量为100，而美国则为10~20。农作物种类的不同，农药含量也会不同，所以很难做到精确计算。但是根据学者的分析，美国实际上农药使用量大概为30~50。令人吃惊的是，我们平常食用的日本国内农作物的农药使用量竟然更高。

美国的农耕地面积大，用直升机播洒农药时，虽然看到的是白花花的农药，实际分散到每公顷农耕地上的含量很低。

因此，按上文的逻辑会得出"不想让孩子食用农药含量高的农产品，所以不买日本的农产品而买美国的农产品"这样的结论。如果运用算数逻辑的话，结论会与文字结论产生180度转变（见图2-1）。

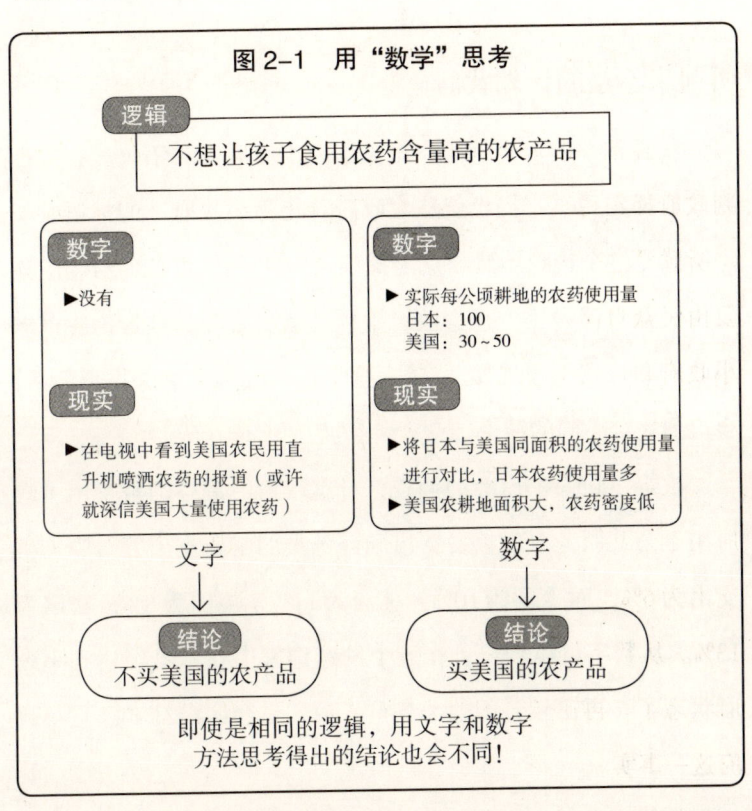

图 2-1 用"数学"思考

逻辑
不想让孩子食用农药含量高的农产品

数字
▶ 没有

现实
▶ 在电视中看到美国农民用直升机喷洒农药的报道（或许就深信美国大量使用农药）

数字
▶ 实际每公顷耕地的农药使用量
　日本：100
　美国：30~50

现实
▶ 将日本与美国同面积的农药使用量进行对比，日本农药使用量多
▶ 美国农耕地面积大，农药密度低

文字
结论
不买美国的农产品

数字
结论
买美国的农产品

即使是相同的逻辑，用文字和数字方法思考得出的结论也会不同！

如果还是想得出"不要买美国的农产品"这样的结论，就必须拿出别的数字或事实来论证。

像这样，稍微试验一下就会立刻瓦解的逻辑，在公司中是不可能顺利通过的。会被上司驳回，然后再提交，再驳回……反复几次之后，我们自己也百思不得其解，最后不了了之。

这其实是因为上司充分了解应该用数字，而不是用文字来构建逻辑。

听起来不错的计划背后

我经常举的一个例子，是关于"小政府"的争议。有人批判政府挥霍税金，提出"从大政府转化为小政府"的标语，乍一听感觉这个提议不错。这个提议认为："民间筹备的活动应该要由民众自己做主，减少政府干预，减少公务员数量，应该缩小政府和行政干预规模。"然而这个提议改用数字来推理的话，会得到完全不同的结论。

根据2005年OECD的调查，日本政府的最终消费支出（政府用于公共服务上的消费支出和公务员的工资支出等）中人事支出为6%，而美国为10%，英国为11%，德国为8%，法国为13%。从数字可以看出，在五个发达国家中日本已经达到小政府状态了。再比较各国的公务员人数，也会明白日本已是小政府这一事实。

如此，**用数字来解析事实的话，就能重新审视一下听似不**

错的意见，也能加深对该意见的理解。

另外，能改用数字来表现的事情，也能用其他语言表现出来。

以前我听朋友说过"认真思考过的意见，可以用任何语言表现出来"。因而可以用"数字、事实、逻辑"理论来解释的意见，不仅能用英语，也能用德语、法语和中文表达出来，传递给对方。

反过来说，即使用日语能理解的想法，如果不认真翻译成其他语言的话，便无法将意思传达给对方。光说"这是日本的传统、日本的文化"，是无法让外国人理解的，对工作也没有帮助。如果是认真思考过的意见，应该也得把它翻译成对方能懂的语言，或轻松地用图形将其表现出来。

如果你有什么想向他人提出的建议，最好先试试能不能将这个建议翻译成其他语言，或者是转化成图形（以便他人理解）。

养成核对原始数据的习惯

"数字、事实、逻辑"中的数字，首先要与原始数据挂钩。

不管是工作中也好，日常生活中也罢，如果碰到自己感兴趣的事情就去找原始数据吧。

如今利用网络可以简单地查到数据，真的很方便。如果时间充裕的话也可以去图书馆，但大部分情况下只要用网络就能获得信息。在检索页面的窗口中输入关键词，便能获得想要的资讯内容。这应该是效率最高的方法了。

日本银行每季度发表一次的统计调查——"短观（全国企业短期经济观测调查）"现在在网上可以查阅到，不需要像过去那样专门到银行复印（我在日本生命的东京总部工作时，有一项工作就是到银行复印这份"短观"然后寄到大阪本部）。

与那时相比，现在每个人都能方便地拿到原始数据，这种社会环境对自己动脑思考十分有利。

为了使数字更具说服力，重要的是要自己"**养成习惯**"。正如前文所言，谁都会查信息，但是逐一对照原始数据的人并不多。如果不习惯就会觉得麻烦，而且本来也不会有多少人想到要去对照原始数据。"思考能力"的差距就体现出来了。

一天检索10次信息

为了养成确认原始数据的习惯，我建议可以"一天检索10次信息"，并进行训练。可以试着查询在工作和生活中碰到的感兴趣的词。如果没有碰到什么感兴趣的事，大致看一下报纸，找出关键词也行。

刚开始可能会因为找不到自己想要的原始数据而感到焦急。不过在慢慢练习的过程中，就会有所进步，知道怎么检索才能更有效率。

比如听到"失业率得到改善"这条新闻，我们不禁会想"这是真的吗"。为了查到失业率的变化值，试着在网页的检索框中输入"失业率变化"这样的关键词进行搜索。之后马上就会跳出一些含有每个月失业率表格的网站页面。查看出处时,会发现网站上写有总务部"劳动力调查"的字样。于是我们会知道,原来这是国家进行的调查,接下来就在检索栏中输入"劳动力调查",然后便会找到最新的数据。

2014年2月的完全失业率为3.6%,比上一个月下降1%,从近一年的数据可以看出,就业情况有慢慢好转。2008年的平均完全失业率是4.0%,与目前相比我们可以认为失业率确实得到了改善。

"劳动力调查"中还有与其他发达国家(失业率)相比较的数据。与日本2014年2月完全失业率(3.6%)相比,韩国为3.2%、美国为6.6%。这些数据的出处及其网址会一并登出,因而可以方便我们去确认原始数据。如果找不到这些国家的失业率数据,输入"失业率 国际比较"等关键词,也能从跳出的页面中找到出处。

按照上述方法,我们先老老实实地输入想要调查的关键字,确认数据的出处,然后确认是否为一手数据(原始数据)。等习惯这一切之后,就能顺利找到原始数据。

在查找、确认原始数据时,重要的是要有自己的问题意识。"新闻中是这么说的,真相真是如此吗""与外国比是怎么样呢",即使这些想法不正确也没有关系,先有自己的想法,再去调查数据以进行确认。先(让这些信息)留在脑子里,才会形成自己思考的能力，检索的速度也会提高。

忽略他人意见，核对一手资料

在核对原始数据时，请尽量寻找一手资料。如果是与经济相关的，国际货币基金组织（IMF）、世界银行（WB）和OECD等发表的数据相当重要。

◎ IMF　　　　http://www.imf.org/
◎ WB　　　　http://www.worldbank.org/
◎ OECD　　　http://www.oecd.org/

在网络中查找原始数据时，通常会链接到个人博客或企业网站。同时会跳出一些对数据的解读意见，这看似很方便。

然而大多时候这些网站上登载的数据是为了支持运营商的想法而被引用的，虽然作者本人并无恶意，数据被更改的可能性还是很大。同时，如果被网页运营商的想法影响，也会产生对这些数据的误读。

因此我们在确认原始数据时，应该要保持忽略他人观点的态度。只关注数字和事实，不要嫌麻烦，查找一手资料而非二手资料。

另外，政府会发表许多像人口数量、家庭经济收入、劳动力调查和就业结构等方面的调查数据。

有人会认为政府发布出来的数据有欺瞒民众之嫌，可能故意对数据进行一些删减或加工，不能尽信，但其实原则上政府是不会这样做的。最早看到政府数据的是世界级的经济学家、经济研究机构和国际组织。政府如果发布不正确的信息，就会失去其在国际上的名誉。

东日本大地震后，民间对政府发布出来的核辐射值猜测不断。然而在原子能和核辐射上，俄罗斯和美国持有比日本更加庞大的数据。即使能骗得过日本的公民也骗不过世界上其他国家。如果日本政府做了这样的事，是会被国际社会唾弃的。

政府发布的数据也有出处。其中可以看出调查方法，也可以进行基础的国际对比，因为这些数据是按照国际标准表示出来的。所以，我个人还是信任政府数据。

要是无论如何都对政府不信任的话，**可以去查联合国和其他国际机构的数据**。从学校习得的英语水平足以帮助解读这些资料。

横纵对比

数字本身没有什么特殊意义。但将它与其他数字进行对比时，就能体现出事实，从而使得我们能够主动思考。

在运用数字进行思考时，**最基本的方式就是横纵对比**。

横向对比指的是空间轴——与其他公司、地域、国家等在同一个时间轴内的数据进行对比。

纵向对比指的是在时间轴内与过去的数据进行对比。

经济增长显著的中国，以PM2.5为主的空气污染成为社会性问题。中国的空气污染成为讨论话题其实是从2008年北京奥运会之后开始的。当时因为担心健康问题而不参加奥运会的选手也成为讨论焦点。经济的急剧增长带来的私家车热潮、建房热潮使北京的天空笼罩着雾霾，听说在北京"太阳光线模糊""呼吸困难"。

可是，正如我反复所说，不应只依靠文字，而要用数字分析问题。

关于这个问题，我认为产业技术综合研究所的中西准子的见解比较正确。

中西认为要做某个判定的时候，比较数据尤为重要。听到媒体或者是夸张声势的人说问题"很严重"时不应该盲目地相信其真的"很严重"，比较数据能使头脑冷静下来。

"北京举办奥运会时的空气状况和东京举办奥运会时的空气状况相比，结果如何呢？当时东京更加糟糕不是吗？"

中西认为1960年奥运会在东京举办时，东京也不是全无污染。她对比了1960年东京和2008年北京的空气中有害物质数量。得出的结果是：2008年北京空气中二氧化硫的含量的确是同年东京的10倍，但是1964年东京空气中二氧化硫的含量却是北京现在的1.5倍。

如此比照数据，我们就不会感情用事，说出"北京空气质

图 2-2　横纵对比

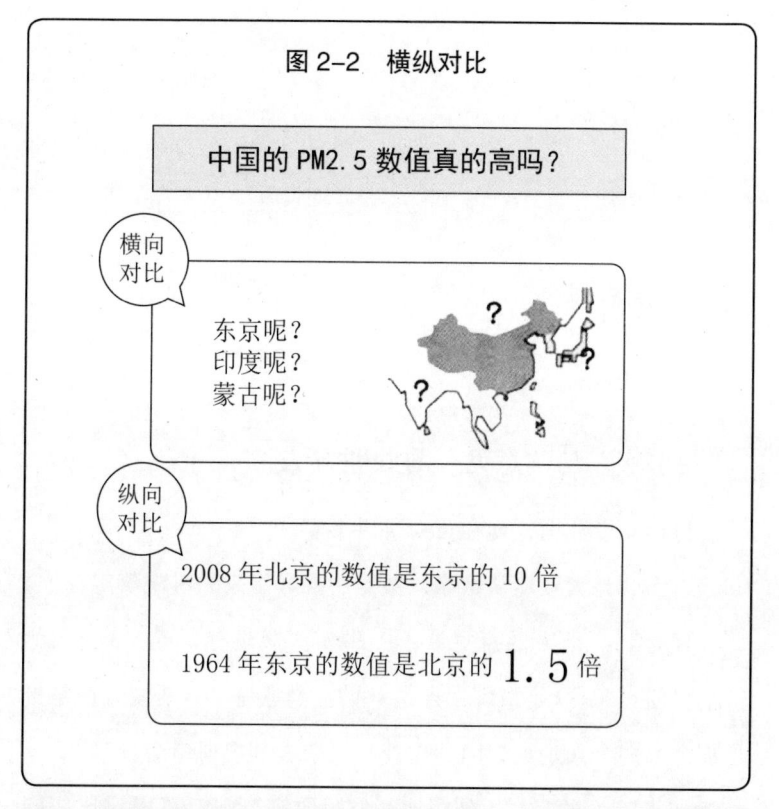

中国的 PM2.5 数值真的高吗？

横向对比

东京呢？
印度呢？
蒙古呢？

纵向对比

2008 年北京的数值是东京的 10 倍

1964 年东京的数值是北京的 1.5 倍

量差，不适合举办奥运会"这样的言论了，**而是会冷静地对待现实，提出建设性意见**。这就是横纵对比带来的效果。

一提到公司的数据，我们会马上想到公司的销售额和营业额与过去对比发生了什么变化（纵向对比）、与竞争对手对比又是什么结果（横向对比）。

当考量身边的其他数据时，不应只关注数字本身，希望各位也能思考一下与其他数据纵向对比结果如何？横向对比呢？

03 "事实"

"客观事实"与"意见"的处理方法

讨论完了数据，现在再来讲讲事实。

事实，是大致能从**数字、数据**中推导出来的客观事实。

仅是某一个人的意见谈不上事实。假设有人说"A公司的价格很便宜"。这是事实，还是意见？是意见。判断便宜还是贵是那个人的个人观点，因为这其中夹杂着其主观想法。

如果其说的是"A公司比B公司便宜"呢？可以对比相同服务的价格，假设A公司的价格是30万日元，B公司的价格是40万日元，谁都会认为A公司价格便宜，因为有数据证明这一结果。

像这样，不论谁都会得出相同结论的就是事实。简单的例子大家都能明白，但是却有不少人总是混淆这两件事。

在处理事实时，有必要将多个数字/数据进行组合、对比并分析。如果这些数据能共同证明一个事实的话，得到的结论就具有压倒性的说服力。通过耐心地核对、比较多个数据，才能发现事实。

一个顾客的意见不是事实

只有通过统计处理"客人意见"，才能得到事实真相。

领导很容易会因为"直接去问了这个客人的想法"而做出一些决定。但是在经营管理上这可能并非明智之举。只听取一个客人的意见而得出的结论并不是事实，因为并不代表其他客人也是这么想的。另外，凭自己印象曲解客人意见的可能性也很大。

仔细分析处理客服中心收到的顾客意见，如果有关合同修改的投诉有100条，就可以认为这是个事实了。了解到事实后，再开始考虑对其进行改善。

处理事件时，需要认真地分析数据。顾客的意见会对我们之后做出的假设起到一定的参考作用。听到有许多顾客反馈："不知道该去哪里咨询有关修改合同的事情，觉得太耽误事，所以改换了其他公司"，我们可以先假设"因咨询信息不足而流失了较多顾客"。之后再做问卷调查确定事实，提高事实的准确度。

04 "逻辑"

什么是好的逻辑

最后是逻辑——由数字和事实构成的理论依据。

这里的逻辑可能会被简单地认为是正确的逻辑。但是我认为单纯的正确逻辑是远远不够的。

假设对某一个主题有 A、B 两个方案，两个都是逻辑。为了确定哪个逻辑更加符合事实，应该用"**哪一个含有更多变量**"作为判断标准。

将思路转换成数学公式之后，变成"$y=f(x)$"这样的式子（见图 2-3）。这是个随着 x 个数和数值的变化，y 也会发生变化的函数关系式。

假设 y 的值最终是从逻辑函数中获得，x 的值越多说明考虑的方面越多。

正如从客人的收入、年龄、对商品的需求这些方面构建起的逻辑函数，与从客人的收入、年龄、对商品的需求、流行程度和国外的影响等方面构建起的函数，两者得出的结论应该会有所差异。

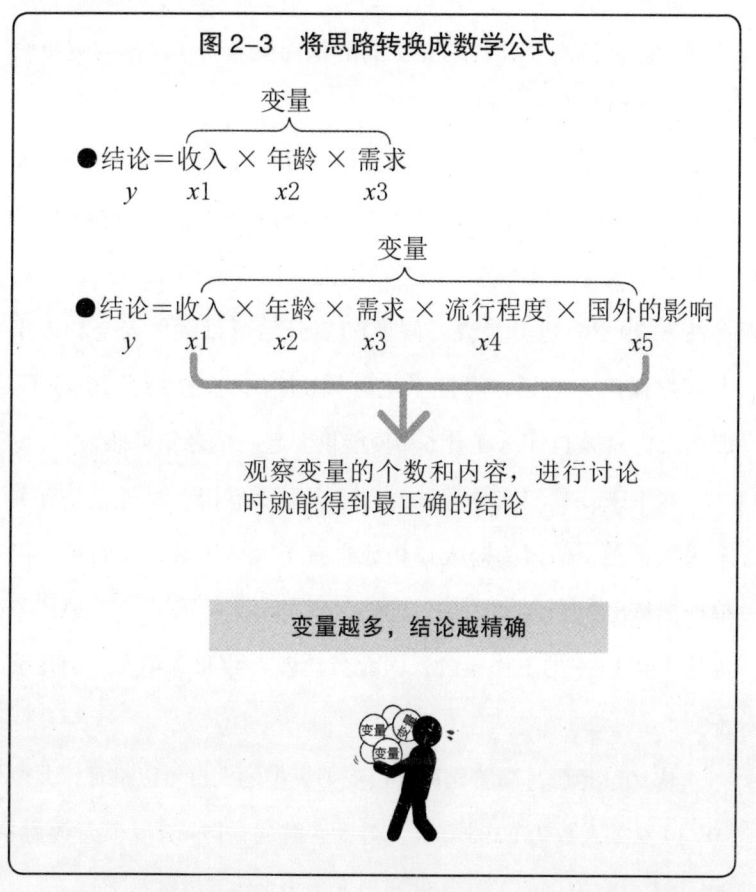

图 2-3　将思路转换成数学公式

- 结论＝收入 × 年龄 × 需求
  　　 y　　$x1$　　$x2$　　$x3$
  　　　　　　　　　变量

- 结论＝收入 × 年龄 × 需求 × 流行程度 × 国外的影响
  　　 y　　$x1$　　$x2$　　$x3$　　$x4$　　$x5$
  　　　　　　　　　　　　变量

观察变量的个数和内容，进行讨论时就能得到最正确的结论

变量越多，结论越精确

结论的差别一般是在 x 的差异上，因为逻辑 A 考虑的是 $x1$、$x2$、$x3$ 三个元素，逻辑 B 考虑的是 $x1$、$x2$、$x3$、$x4$ 和 $x5$ 这五个元素。各自所用的 x 变量是什么呢？如果能仔细讨论的话，最终就会得出最佳答案。

少子高龄化社会给工作者增加多少负担

让我们用"数字、事实、逻辑"理论来思考问题吧。

人们常说当今社会的少子高龄化现象加重,这样的现象给工作者增加多大负担呢?

现在日本的医疗保险和养老保险体制(全民保险,全民养老)是在1961年制定的。当时社会中每11个劳动力(15~64岁)供养一个老年人(65岁以上)。国民平均寿命为:男性66.3岁,女性70.79岁。也就是说,假设60岁开始可以领养老金和老年人医疗保险金的话,男性平均可领6.3年,女性则是10.79年。那么大概只需11个人工作6年便能供养起一位老年男性。

接下来,我们来看看2025年会是什么状况。虽说这是有关未来的话题,但因为对人口构成也有了大概了解,我们可以简单地推算出2025年的人数。即使是现在出生的孩子,到2025年也达不到15岁的工作年龄,因此劳动者人数和老年人比例几乎不变。

从2011年版《高龄化社会白皮书》中的人口可以推算,儿童(0~14岁)人数为1 195万人,劳动者阶层(15~64岁)人数为7 096万人,65岁以上人数为3 635万人(未满一万忽略不计)。

这样说来,到2025年大概每两位劳动者(假设是供养65岁以上老人,如果是供养70岁以上的老人则是1.7人)可以供养一位高龄老人。截至2013年,日本的平均寿命为:男性79.59岁,女性86.36岁,也就是说社会需要供养男性退休者14年,女性退休者21年。

2025年的劳动者数量约为1961年的1/6,供养老年人的年数约是1961年的2倍,那么可以得出劳动者的负担增加了约12倍。这是其中一个逻辑,我们将这里的变量设为$x1$(见图2-4)。

图2-4 增加变量后的思考

1961年

· 儿童2 806万 · 劳动者6 071万 · 老年人550万

2025年

· 儿童1 195万 · 劳动者7 096万 · 老年人3 635万

【$x1$】只看人数和平均年龄

1961年	11个劳动者供养一个老年人 65岁之后的平均可活年数:6年(男性)
2025年	2个劳动者供养一个老年人(劳动者数量约为1961年的1/6) 65岁之后的平均可活年数:14年(男性。约为1961年的2倍)

➡ 6×2即负担增加了12倍!

【$x2$】供养人数应加入儿童的数量

1961年	劳动者6 071万÷(儿童2 806万+老年人550万)=1.8人 1.8人供养一个人
2025年	劳动者7 096万÷(儿童1 195万+老年人3 635万)=1.5人 1.5人供养一个人(负担为1.8÷1.5=1.2倍)

➡ 负担相差并不多(1.2×2(老年人可活年数)=2.4倍)

（接图2-4）

【x_3】应该加入就业率	
1961年的就业率	68.1%
2025年的就业率	与现在相同 56.9%
	假设就业率慢慢恢复，每年以0.5%的速度上升，为62.9%
	假设就业率慢慢减少，每年以0.5%的速度下降，为50.9%
1961年的就业率	劳动者6 071万×就业率0.68÷（儿童2 806万＋老年人550万）＝1.23，即1.23人供养一个人
2025年的就业率	劳动者7 096万×就业率0.56÷（儿童1 195万＋老年人3 635万）＝0.82，即0.82人供养一个人（1.5倍）
	劳动者7 096万×就业率0.62÷（儿童1 195万＋老年人3 635万）＝0.91，即0.91人供养一个人（1.3倍）
	劳动者7 096万×就业率0.5÷（儿童1 195万＋老年人3 635万）＝0.73，即0.73人供养一个人（1.6倍）

➡ 如果就业率上升的话会很轻松！〔与1961年对比，负担约为2.6～3.2倍（乘以可活年数的倍数2）〕

通过以上 x_1 方式，我们从数字、事实中得到一个符合逻辑的正确结论。

但是，应该还会有其他观点。有人认为要计算劳动者的负担，还应该加入儿童的数量。由劳动者数量做分母，老年人和儿童的数量做分子，计算其比率。

总务省统计局的资料显示，1961年老年人的数量为550万人，2025年则为3 635万人，老年人数量大幅增加。与此相反，儿童的数量从1961年的2 806万人大幅下降到1 195万人。

从这点可以看出，实际上并没有增加太多负担（约为2.4倍），这是 x_2 的逻辑。

仍然以 $x2$ 的逻辑为基础，有人认为其实不需要为儿童支付养老金，也不需要支付太多医疗保险费。因此，儿童的数量没必要占据一定的比例。

所以我们试着给出另一个逻辑。在之前的计算中，我们只是简单地运用了 15~64 岁的总人数进行计算。然而，其中可能存在因生病无法工作或者是失业的人。既然是要作为支撑社会保险的劳动者，就有必要将劳动者的就业率算进去。

总务省公布的"劳动力调查"中，1961 年的就业率是 68.1%，2013 年的就业率是 56.9%。随着高等教育的推广，就业率一般呈下降趋势。

虽然我们还不知道 2025 年的就业率，但是可以分以下三种情况进行考虑：

◎ 与现在相同   56.9%
◎ 就业率慢慢恢复，假设每年以 0.5% 的速度上升   62.9%
◎ 就业率慢慢下降，假设每年以 0.5% 的速度下降   50.9%

在此基础上，运用 $x3$ 的逻辑，以就业人数为分母，以没有工作的老年人和儿童数量为分子，得到相对更为精确的数值。

这种思维方式的关键之处在于从 $x2$ 到 $x3$ 的变化，两者虽无过多联系，但把老人和儿童的抚养情况混为一谈考虑确实欠妥。

那么，从更现实的角度考虑，除去生活富足的老年人（儿童也行）也许是最恰当的方案（$x4$）。只是生活富足的定义及界线很难确定，我们反而无法确定出 $x4$ 的数量值。

由此可以发现，随着变量 x 数量的增加，讨论的结果也会越加精确。

多视角思考的诀窍

前面我们已经谈到如何尽可能多地考虑变量 x，从而获得正确答案。但是怎样才能增加 x 的数量呢？

有两个秘诀。一个是执着地将数字、事实这一理论执行到底，尽可能仔细地进行分析。不轻易相信他人意见，切实做到自己分析数据和事实。然后仔细思考接下来会得到什么结论。

另一个是与各种不同的人进行讨论。只和同类人、意见相同的人进行讨论，并不能扩大视角。

多样性才是使逻辑深入的关键。

让外行人加入讨论中

生命网络人寿保险公司为商议特定事宜而建立研究小组时，原则上会在小组内至少加入一个与该事项不相关的外行人（其他部门的人）。

生命网络是第一家在理赔医疗保险费用时，不强行要求被保险人提供医院诊断书的寿险公司。

这是基于公司一个职员提出的建议："根据最近医院出示的医疗费透明化制度，从诊疗报酬明细表可以得到很多信息。只要有了诊疗报酬明细表，不用医生的诊断书也能付费。"

为了探讨这个建议的可行性,我们立即组织了研究小组。小组成员包括:医生、公司财务、法律顾问。这些成员理应都在小组内,这时可以尝试在小组内加入一个与该议题毫不相干的人事部门职员(只要是与这项业务毫不相关的人即可)。

在"需不需要医生的诊断书"问题上,这位职员完全是"门外汉"。从专业角度看,如果把这位"门外汉"加入到小组内,需要向其从头介绍目前的状况,是件十分麻烦的事情。而相反与了解情况的人讨论就尤为轻松。

即便如此也要把"门外汉"加入小组内,是因为这样能够增加 x 的数量。讨论中可能会出现"诊断书适得其反""去医院取诊断书很麻烦,有时候还必须请假去取"等与医疗、保险方面专家截然不同的意见。这样就会发现同一群体的人不会想到的一些观点,逻辑也就会更加全面了。

我们公司的研究小组也是认真研究了许多观点,才下决心做出"不需要医院的诊断书"这一定论。

世界上规模最大的食品/饮品公司——雀巢虽说是瑞士的公司,实际上公司的管理者中极少有瑞士人,美国的分公司由美国人管理,印度的分公司由印度人管理。究其原因,是因为"瑞士人不可能了解美国人或者是印度人的饮食喜好"。

跨国企业会积极地吸收各种各样的本地人才,并充分运用他们的不同观点。

增加自身的"x"

话虽如此,大部分公司还是不能马上将自身改变成雀巢那样的模式。

在相同的环境下,想要增加自身的"x",可以试着接触不同的人,得到不同的想法。

如果以前只和同一公司的人聚会,那么现在可以尝试偶尔与其他公司或者其他行业的人一起聚会,彼此交流想法。

与同一公司的人一边喝酒一边聊着大家都熟悉的事情确实很有趣。比如一说到"市场部的某某前阵子……",对方马上会回复"啊,那件事啊",彼此共通的信息很多,聊起天来也很轻松愉悦。但是却很少有新的发现。与其他行业的人一起聊天,可能会有不一样的发现。比如惊讶于"居然还有这样的世界"或者发现在自己公司被认为是常识的事情在其他公司居然行不通等。这样,x的数量就增多了。

败给逻辑——鸽子吃豆计划

下面讲述的是生命网络人寿保险公司创办第二年(2009年)发生的事情。一位20多岁的年轻职员跟我说:"下周请去一趟二子玉川。"我问他去那里做什么,他回答:"是'*Daily Portal Z*'这本杂志的一个活动策划,希望您参加他们的拍摄。"

我接着问他这是个什么样的活动,他说:"是关于网站管理员林雄司该买多少金额的死亡保险这样一个主题。他们希望请您在三张纸上分别写下1 000万日元、2 000万日元、3 000万日元。然后将纸折成小盒状，在里面分别放上不同种类的豆子，再将纸盒放入二子玉川的河边。"

"啊？豆子？"

"飞来的鸽子率先吃掉哪个纸盒的豆子，林雄司就申请购买那个纸盒内的保险金额。"

我相当吃惊，说话声音也提高了。

"等等！你是脑子坏掉了？让我参加这样无理取闹的活动。再去看一遍公司章程，哪里有这样的条项了！"

这位年轻职员冷静地回应了我的斥责："出口先生您没理解，我们公司的客户中有80%是熟悉网络的20～30岁的年轻人。这个群体和您不一样，不会认为这是在'无理取闹'。实际上乐于看这样节目的人也很多（事实），这个网站的点击率也比其他网站的点击率高（数字）。如果做得有趣的话，大家会想原来生命网络人寿保险公司这么特别啊！即使做搞笑类节目也这样认真。那么我们公司的粉丝就会增多啊。"

我断然拒绝这个"无理取闹的活动"确实是源于我的个人想法，而没有深刻考虑这个活动的意义。这个20多岁的年轻职员是网络宅男，每天花许多时间在网络上。他这样说也有其道理。

"我看了许多网络节目，想着这个节目能受年轻人喜欢才提出这个建议的。您平时总说'做其他公司不做的事情才是创新''网络世界正在孕育着巨大变化'。既然如此，为什么拒绝这么好的一个节目呢？"

这个时候，我不得不承认在逻辑上自己败给了这个年轻人。

"好吧，我试着做做看。"

话虽如此，我还是担心会不会收到"明明是人寿保险公司，却做这么无理取闹的节目"之类的评价，也担心这个活动是否会对公司带来不好的影响等。

但是我心一横，想着：如果真收到不好的评论也没办法，到时候再说吧。哪怕利弊对比是51:49，正面评价只多那么一点点，我也会去。这么想着，我来到了二子玉川的拍摄现场。结果"*Daily Portal Z*"的节目《加入鸽子选定的寿险》在网上大受好评。生命网络人寿保险公司也赢得了更多好感，几乎没有出现负面影响。

我完全败给了20多岁的年轻职员。

有人说"能接受这样的奇思妙想，出口先生真是有大度量"，然而事实并非如此。而且我也并不是那么"信任职员"，也没有"不畏失败，勇于尝试"。只是他的"数字、事实、逻辑"方案比我的好（我只是提不出能够推翻他的"数字、事实、逻辑"方案，被他说服罢了）。

如果有人问我对这个节目的看法，说实话，到现在我还是"不喜欢"。六十几岁的人了，不喜欢应该也情有可原吧。只是生意中不应该加入"喜欢"或者"厌恶"之类的个人感情。做生意不能靠主观感情，生意场终究还是"数字、事实、逻辑"的世界。

05　重新评估逻辑的方法

分清主次

如果有必要重新评估逻辑的话，一定是其中什么项目进行得不够顺利。如果进行得顺利，就没有必要特意重新评估。毕竟一点点异样并不会对事情整体进展有太大影响。

发现问题时，或者事情不像想象中那样顺利时，应该重新评估一下逻辑。当然重新评估逻辑也有一定的技巧。

首先要分清做计划的主次事项，**明确分出主要事项**。

以建筑物为例，要先明确架构，内部装修和房间配置可以稍后更改。如果架构不够结实，摇摇晃晃，却只关注壁纸的颜色、家具的配置，也就不可能造出很完美的房子。

刚开始不用把次要部分考虑得太过细致，可以在实际操作中慢慢酝酿想法。

另外，我要推荐一个明确主要部分的方法，那就是在纸上写出你认为主要的部分。写在纸上就能方便我们看出这个逻辑中欠缺的地方,也便以后修改。人是健忘的,即使一开始逻辑清晰,也会常常被次要部分分散注意力而忘记了主要事项。为了避免混淆主次,最好事先标明"这是主要事项"。

发现问题、需要重新评估逻辑时,如果问题出在次要部分上,在接下来的工作中边执行边改正即可。如果问题出在主要部分上,就有必要回到原点,重新探讨这个计划。

在《动脑思考》(钻石出版社)这本书的序言部分,作者Chikirin举了一个很有趣的例子:根据《专业棒球迷的年龄差结构比例变化》(这个数据本身也是虚构的)中的数据,与1970年的粉丝年龄相比,2010年粉丝的年龄呈现高龄化的特征,40岁以上的球迷数量超过总量的半数。按照这样的数据,能得出什么逻辑呢?

有些人认为"棒球迷高龄化,表明专业棒球的前景堪忧,应该努力吸引年轻球迷。"有些人则认为"棒球迷是时间和金钱上都相对富裕的高龄人士,专业棒球的未来可以说是一片光明,应该积极开发一些面向高龄粉丝的商业项目。"

Chikirin只看到事情积极的一面或者只看到其消极的一面,其实这两个观点都略有偏颇。因为她被某些固有观念或概念束缚住了思路。

在我看来这就是"**没有深究根源**"(后面会再仔细解释)。找到多个 x 之后,还需再制定出可以仔细探讨的逻辑。

主次中应该改变哪一个？

接下来，我们来深入讨论这个问题。假设建立这样一个逻辑——"专业棒球的粉丝年龄趋于高龄化。高龄人士的经济、时间都比较充裕，因此可以积极地开展面向高龄人士的一些活动策划。同时，为了防止粉丝高龄化带来的粉丝数量减少问题，应在增加年轻人对棒球的热情方面也多花心思。"这才是这个逻辑的"树干"部分。

"针对高龄粉丝，可以出售王贞治或者长岛茂雄的著名比赛集锦""针对年轻人则可以制作一些网络节目，这个节目应由本身是棒球迷的搞笑艺人主持"——这些就是"枝叶"。"枝叶"是完成"主干"部分的方法和思路，这样的表述可能更容易理解（见图2-5）。

图2-5 主次关系（在此省略面向高龄者的举例）

为了防止棒球粉丝量减少

◎ 考虑适用于年轻人的方法 → 主干

◎ 面向年轻人制作由搞笑艺人主持的网络节目

◎ 制定大学生半价优惠日

◎ 制定携带儿童半价优惠日

◎ 举办能与孩子交流的活动

枝叶

（接图2-5）

> **注意：**
>
> 　　不能因为"搞笑艺人主持的网络节目进展得不顺利（枝叶）"，而认为"适用于年轻人的方法不可行（主干）"。

　　"枝叶"部分也需要多方面考虑问题。如果不尝试就不知道哪个是最有效的方法，因此要不断尝试与修正。如果得不到预想结果，就应该修改"枝叶"部分，而后继续尝试。

　　不能混淆出现在"主干"部分和"枝叶"部分的问题。明确抓住主要的逻辑部分，然后再修改次要部分。我们却在不知不觉中混淆主次，拘泥于细小的事情，只要进展稍有不顺，便将计划全盘推倒。

　　岩波书局出版了面向中老年人的字号稍大的"宽版"书籍。在这个逻辑里，"主干"部分应该是"由于老花眼的原因，中老年人读字号小的书比较困难，应该出版字号大点的书籍"。而"将开本扩大，改用B6规格的纸张"相当于"枝叶"部分。考虑到开本扩大，不方便携带也不便于收纳这个问题，我们可以想其他方法。"主干"部分不变，一定还有其他方法，比如书籍大小不变，增加书本页数（分册）等。

数字和事实改变的话，逻辑也会改变

　　在写出逻辑主干时，最好同时写出组成逻辑的原始数字和事实。因为随着时间的推移,数字、事实有可能发生变化,相应的逻辑也必须做出更改。

现在日本人的金融资产有60%~70%掌握在中老年人手中,这是一个事实。但是这一事实会因为纳税制度的改变而发生变化。假设遗产继承税增加,而将资产赠与20~30岁的年轻人则不需要缴纳赠与税,那么老年人也许会把资产转移给年轻一代。影响逻辑的数字和事实发生变化的话,也就必须重新修改逻辑。

这时,如果把原来的数字和逻辑一起写出来,就会发现即使数字和事实发生了改变,修改起来也会比较方便。

下面我来举个例子。

根据最近的国情调查,日本的家庭结构比例如下:

◎ 单身家庭(单身生活)　　　32.4%
◎ 夫妻带小孩家庭　　　　　　27.9%
◎ 夫妻家庭(没有小孩)　　　　19.8%
◎ 单亲家庭　　　　　　　　　8.7%

20世纪日本社会中大多数是夫妻带小孩式家庭,但目前从数据上可以看出,所谓的标准家庭模式只占三成左右。

长时期占据人寿保险主流地位的死亡保险,主要是靠小孩的学费保险进行担保。然而现在家庭结构发生了变化,对没有生育小孩的家庭而言,死亡保险并不一定是必需品。

那么,是什么取代了死亡保险成为必需品呢?对单身家庭而言,最大的风险应该是突然患上疑难杂症、遭遇重大事故及长时期未就业。发生这些的概率与死亡概率并无太大差别。

如今，在美国、德国这样的发达国家，针对长期待业而设计的失业保险受到了广大欢迎。

实际上，像这样以社会背景为前提的数字、事实，在不知不觉中发生变化的情况时有发生。

生命网络人寿保险公司作为先行者，充分考虑日本社会的变化情况，在日本国内的寿险业中开创并发售了失业保险（面向工作人群）。

06　深究根源

对"前提"持怀疑态度

我们讨论了数字、事实还有逻辑,而实际操作中"数字、事实、逻辑"理论还有一些重要原则需要注意。

那就是"深究根源"。

假如各位读者的上司是个按自己喜好做决定的人,"枪毙"了我们好不容易做出来的方案,这时候应该怎么办?我们自己做出了正确的决策,却因为他人的私人原因而导致事情没法顺利进展,确实令人遗憾。然而即使我们抱怨"我的上司是个白痴"也无济于事。

假使上司对你的意见说no,只要你认真地用数字、事实、逻辑说清楚,也有可能会说服对方,请回忆一下"鸽子吃豆"事件。

你的意见会被轻易驳回,是因为意见本身说服力不足。建房子的时候,首先要打地基。我们从完整的建筑物可能看不到,但是每一栋建筑都有其扎实的地基。因为地基,建筑物才足够稳定。威尼斯是建在水面上的城市,水下的地基多得令人眼花缭乱。

做决定的时候也一样,从一开始就要稳扎稳打,稳步前进。

我把这个方法叫作"深究根源"。

深究到根源,就会比较有信心,因此也较容易做出决定。只是,大部分人考虑事情都是从"一般的社会常识""过去的实际成果"或者是"周围人的意见"开始的。我认为不应该囫囵吞枣地接受大家常说的事实或是所谓的社会常识,而应该像以下这样试着进行怀疑:"真的吗?""没有不同的想法了吗?"边使用"数字、事实、逻辑"这一理论分析边考虑根源,一定会找到答案。完全理解了答案之后,才能清楚地做出决定。因为人们本来就是心里有底之后,才能将计划付诸行动。

然而,专业人士或者是熟谙世事的人从一开始就容易有趾高气昂的倾向。不会深究根源,也不会对事情的前提持怀疑态度。

与此不同,门外汉就会因为什么都不懂而打破沙锅问到底,深究到根源。

这样说来,前面所说的"让外行人加入讨论"显得很有必要。科学就是从勇于怀疑中开始的。

听取外行人意见而设立"晚10点结束的客服中心"

生命网络人寿保险公司里熟知人寿保险的专家和对人寿保

险全然不懂的外行人数各半。生命网络就是由这些人从无到有创立起来的。

设置客服中心时,我们先调查了其他寿险公司的客服中心,从客服中心几点开始上班这个最基础的问题开始。结果发现,客服中心的工作时间都是从早上9点开始到傍晚5点或者6点结束。

外行人提出:"这样的工作时间设置不合理。"因为"这个时间段我们也在上班,不能打电话到客服中心"。

因此,他们提出应该开设24小时制的客服中心。因为我们的网站是24小时服务的,客服中心也理应提供24小时服务。

小组成员向我汇报情况时问:"可以开设24小时工作制的客服中心吗?"我回答:"可以啊。"

只是这个制度执行一阵后,他们又向我汇报:"如果是24小时工作制的话,工作人员周末都无法休息。"当时我们公司大概有40名职员。如果客服中心24小时开放,就需要执行三班倒制度,这样大家都没办法休息。

于是他们有了新的建议:"如果客服中心开放到晚上10点,我们只需要进行两次轮班,工作人员周末也可以休息。所以,请允许我们将客服中心的工作时间调整到晚上10点结束(周六到下午6点结束)。"

经过这样一番调整,生命网络人寿保险公司成为业界第一个将客服中心的工作时间延长到晚上10点的公司。

做这个决定时，正是需要深思熟虑，而后才能得出令人信服的答案（见图2-6）。如果小组讨论中只有专业人士，大家应该不会对早上9点上班下午6点下班的制度有太多思考，可能就会按一般的社会常识那样开始执行。

靠自己的头脑深思熟虑后得出的结论，因为有足够把握，所以即使被上司质疑也能立即进行解释。

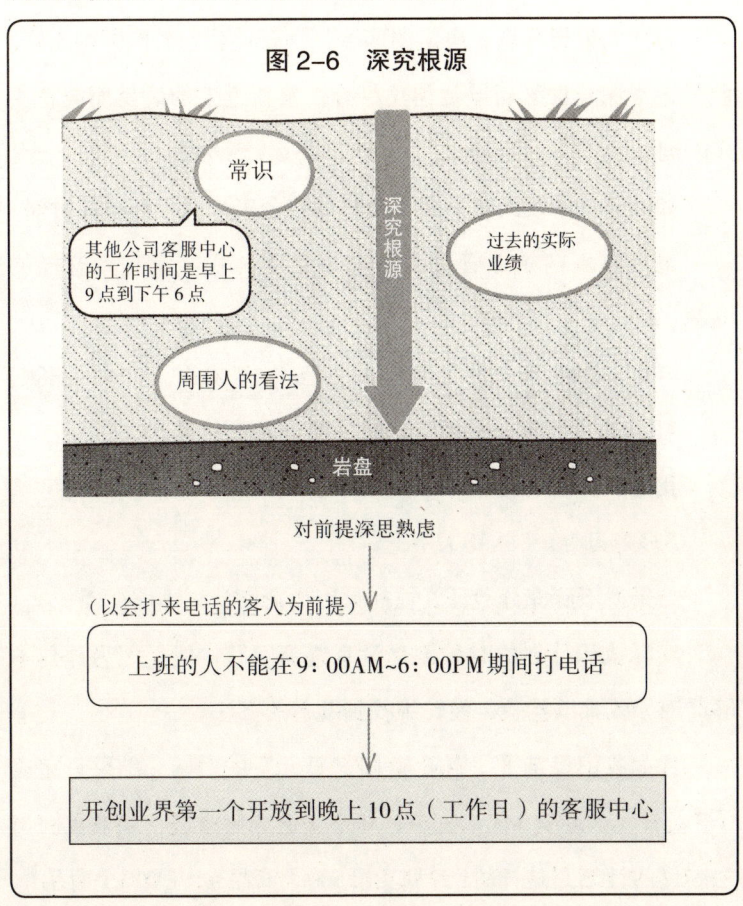

图 2-6　深究根源

- 常识
- 其他公司客服中心的工作时间是早上9点到下午6点
- 过去的实际业绩
- 周围人的看法
- 岩盘

深究根源

对前提深思熟虑

（以会打来电话的客人为前提）

上班的人不能在9:00AM~6:00PM期间打电话

开创业界第一个开放到晚上10点（工作日）的客服中心

自己真正理解的事情，就不会那么轻易被否决。相反，如果自己都没有真正理解的话，就很容易被反复否定。

请读者朋友们一定要养成从开始便深究根源的习惯，正如我反复叙述的——"科学是从对常识的怀疑中产生的"。

想快速做决定就"绕个弯"

有些人只想提高做决定的速度，一开始就抱着傲慢的态度。但是，不深究根源而导致前功尽弃，重新返工的话反而会花更多时间。

如果开头阶段太过马虎，会导致整个工作过程都很耗时间。

最近在面向企业管理者的宣讲会上，我经常碰到这样的问题：

"PDCA 循环模式在 PLAN、DO 方面是有效的，但在 CHECK、ACTION 方面则不受用。这种情况该怎么处理呢？"

我的回答如下：

"那是因为 P（PLAN）不足。"

结果得不到充分验证，往往是因为前面计划不够严谨。

实际执行计划的时候倒是没有遇到问题，但是因为计划不够严谨导致难以检验，就较难找到改善的方法。

比如我们设定了"营业额10亿日元"的目标，结果只完成了7亿日元，还有3亿未完成，却不知道如何改进。如果我们当初制订的计划是这样的：计划卖出500个商品A，1 000个商品B，

300个商品C来完成10亿日元销售额的目标。针对每个商品也有相应的计划，假如商品A的贩卖计划（网上销售200个，批发销售300个）未完成，也比较容易检验。只要核对一下实际数据，就能找出类似"网上销售额不如想象中好"这样的原因。

PDCA循环模式之所以不能运转起来，正是因为做出的计划是类似"各部门如果再努力点，销售额应该能比去年高出10%"这样"毫无根据的精神论"。

正如"宁走一步远，不走一步险""欲速则不达"所表达的，如果想要加快速度，更应该在做计划的时候多花时间。在一开始设定计划的时候，充分利用"数字、事实、逻辑"理论对整个计划进行全盘考虑。

07 "重大课题"的答案

在本章开头部分，我让各位看了生命网络人寿保险公司在常规招聘会上使用的"重大课题"。各位有什么想法吗？

"重大课题"没有正确答案，也没有标准答案。只是要求应聘者按照下面例子的模板，对自己的思路进行解说。

考察要点在于能否以数字和事实为基础建构逻辑。

重大课题

你突然接到内阁总理大臣发来的任务："利用网络，研究出解决日本少子化问题的方法。"

①阐明日本社会的少子化现象及其产生的原因。

②在①的基础上，提出应该解决的问题。

③利用网络制定解决该课题的策略，并提交费用与预期效果计划。

参考答案

前提条件

Q "少子化"究竟是什么?

①出生人数减少(新生儿数量减少)。

②总和生育率低于人口置换水平(女性一生中所生孩子的平均数低于2.08)。

③儿童数量比例降低(随着老年人数量增加,儿童数量比例相对降低)。

④儿童数量减少(因为某种特殊疾病出现,儿童死亡数量增多)。

(以上定义引自维基百科,除括号里内容)

以上是一般情况下的少子化定义。在这个课题中,我们首先应该考虑的是"少子化"的定义。

假设④中儿童数量减少,是一种特殊疾病导致多数儿童病逝而产生的罕见少子化现象。③则是随着老年人数的增加,儿童的比例也相对降低。以上③和④这两种情况是由疾病和高龄化间接产生的"少子化"现象。而①和②则直接与生育相关,可以说是"更为本质的少子化定义"(应该解决的问题)。

那么应该分别怎么解决呢?

◎ 出生数量减少的情况下

为了增加出生数(儿童出生数量),就要增加生育人数。

◎ 总和生育率比人口置换水平低的情况

为了提高出生率，就要鼓励女性多生孩子。

然而，单纯增加生育人数，也只是会短期内增加出生数，从长远角度看这个方案并不能发挥太大作用。**也就是说相较增加出生数，提高总和生育率**是我们更应该解决的一个问题。因此本次课题中，我们将"少子化定义为总和生育率低于人口置换水平（2.08）"。

第一小题

请阐述日本社会的少子化现象及其原因。

［参考答案］

"少子化"是指总和生育率低于人口置换水平。为了了解日本少子化现象，首先我们要先知道日本总和生育率。

◎ 日本的总和生育率（1985—2009年）

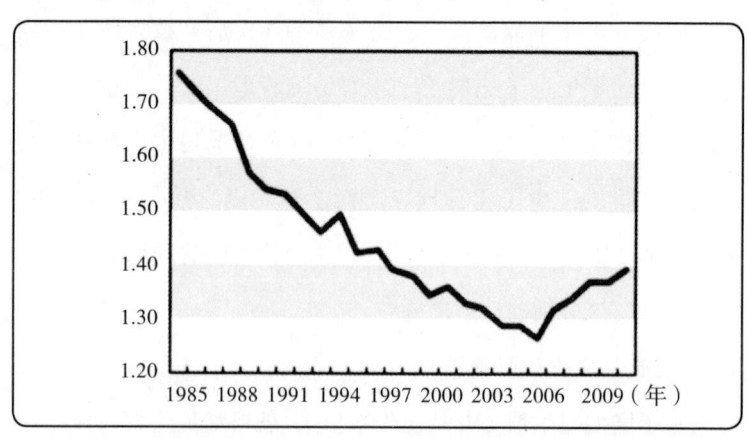

摘自厚生劳动省《2010年统计》

该表显示了1985年开始到2009年为止的总和生育率。从表中我们可以看出：日本的总和生育率持续低于人口置换水准（2.08）。近几年的情况则是：2005年总和生育率低至1.26，之后慢慢回升，2010年上升到1.39。但是，总和生育率低的现象还是没有改变。

◎ 想生几个孩子

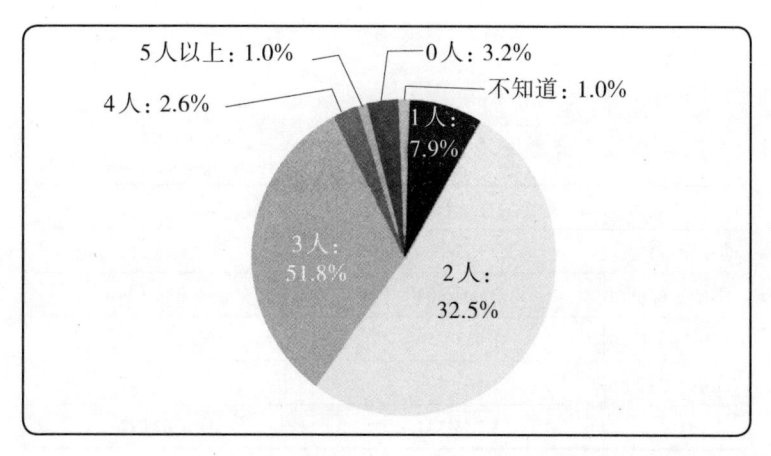

5人以上：1.0%
4人：2.6%
0人：3.2%
不知道：1.0%
1人：7.9%
3人：51.8%
2人：32.5%

摘自厚生劳动省《关于少子化的问卷调查（2010年）》

那么有生孩子意愿的人数又是多少呢？厚生劳动省关于少子化问题进行了一次问卷调查，将受访人想生孩子的数量进行了数据统计得到以上的图表。由图表可知，有意愿生2~3个孩子的人约占被访问人数的84.3%，比例相当高。

也就是说，日本社会的少子化现状是：**大家虽然想多生孩子，实际上却很难实现。**

目前为止，我们了解到日本少子化现象其实就是想生孩子的数量与实际出生孩子数量之间有差距。那么造成其中的原因是什么呢?

还有一部分女性本来就不想生孩子,我们曾经对生了一个孩子的女性进行访问:"不想生第二胎的理由什么?"回答因为"经济上的负担"的人数最多(摘自《关于生活的一切"二胎的障碍是!?"》,2011年7月5日)。

也就是说,生了第一个孩子后,生第二个时产生的经济负担可能给日本的出生率带来很大影响。

◎ 抚养小孩所需费用(日本)

	公立(日元)	私立(日元)
幼儿园(3年)	753 972	1 615 218
小学(6年)	2 004 804	8 239 104
初中(3年)	1 415 256	3 808 173
高中(3年)	1 561 509	3 135 702
合计	5 735 541	16 798 197

摘自文部科学省2006年《孩子学习费用调查》

上表是对义务教育年限下孩子的教育费用进行的总结。如果孩子进入大学阶段,需要的教育费用会更多。其次,上表只是以教育费用为对象进行的计算,伙食费和衣服费用并不包含在内。也就是说,如果一个家庭的平均收入为400万~600万日元,在日本养育孩子需要的费用确实很高。(摘自厚生劳动省2010年《国民生活基础调查概况》)

第二小题

在①的基础上，提出应该解决的问题。

如果说无法生孩子的理由是"经济上的负担"，有以下两个问题需要解决：

<问题①>降低育儿费用（减少金额）

<问题②>增加家庭收入（增加可支配金额）

那么，应该怎么解决这两个问题呢？

<问题①>降低育儿费用（减少金额）

针对这个问题的解决方法应该是节约、节制。也就是说，不让孩子上私立学校，而是送他们到公立学校；通过节约平时的伙食费、衣服费来减少家庭的负担。

<问题②>增加家庭收入（增加可支配金额）

如今的日本，虽然丈夫赚钱养家的家庭模式还是主流，近年来女性的就业率也是年年增长。未婚女性的就业率约为63%，已婚女性则约有50%继续参加工作。换句话说，一个家庭中男性和女性互相协作，减少经济负担，问题也就能解决了。因此有必要健全使女性产后也能继续工作的各项机制。（摘自总务省统计局《劳动力调查》）

第三小题

请利用网络制定解决该课题的策略，并提交费用与预期效果计划。

如前文所述，"扩大双职工模式"可作为解决经济负担的一个方案。虽说可以"扩大双职工模式",但是如果没有全社会的协作来实现这一设想,还是很困难的。因此,希望能利用网络找到对"扩大双职工模式"制度有所帮助的方案。

"扩大双职工模式"需要什么?

"双职工模式"中,夫妻双方都需要工作,所以希望父母都在工作时,能建立设施完备的育儿中心。

◎ 网络应该解决的问题:

孩子生病时的对应措施	50%
针对工作时间不固定的保育方法	46.9%
重回工作岗位的机会	45.7%
不安与烦恼时可倾诉的场所	31.5%
提供育儿综合信息的场所	29.7%
地区网络组织	19.7%
父亲积极参与育儿过程的意识	17.6%
育儿技巧的教育	6.5%

摘自厚生劳动省《对2000个家庭进行的调查(2003年)》

上表虽然不是最新数据,但还是表明了双职工家庭对育儿中心设立的期待心理。受访者中既有双职工家庭也有家庭主妇家庭,从数据中可以看出孩子生病及工作时间不固定这两种情况下的看护问题对女性来说颇有压力,对已工作的女性来说更是尤其困难。

然而,孩子生病以及工作时间不固定这两个问题并不能依靠网络解决。利用网络这一新技术解决政府或者社会组织无法解决的问题才更为现实。

其中31.5%的受访者提出的想要"不安与烦恼时可倾诉的场所"才正是能发挥网络优势的部分。现在可以通过SNS等社交网络进行实时信息交流。因此，在育儿过程中有碰到不安或烦恼的话，可以在网上得到许多建议。但是网络上有各种各样的网站，也存在信息过多而无法判断正确性的弊端。因此，可以办一个将这些信息进行汇总、便于使用的信息共享网站。

关于费用与预期效果

为了扩大双职工模式而进行的"增加育儿志愿服务"，这其中的费用和预期效果很难计算出来。制作信息共享网站的费用和由此产生的经济效应更是难以计算。

然而，如果总和生育率上升并接近人口置换水平，也会对社会保障和医疗保险带来益处。另外，假设一个孩子的养育费用为500万日元，孩子数量的增长对社会经济也会带来正面影响。

因此，我认为全体社会成员应该更致力于创建一些组织来支持"双职工家庭"。

如上所示，我忍痛割爱将生命网络人寿保险公司职员的答案公开作为范例，进行解释说明（数据为其作答时的数据）。

这个问题考查应聘者是否具备抽象思考"重大课题"的能力，

以及是否具有总结能力。其中最重要的是如何运用"数字、事实、逻辑"理论得出解决方案。

我们考虑的是：为了解决问题首先要收集资料，应聘者是否能把收集资料中的数字、事实、逻辑按自己的思路进行分析（第一小题：请阐述日本社会的少子化现象及其产生的原因）；其次是能否明确问题所在，是否能够整理出课题（第二小题：在第一小题的基础上，提出应该解决的问题）；最后能否将问题的解决方案清楚地展现出来（第三小题：请利用网络制定解决该课题的策略，并提交费用及预期效果计划）。

在参考答案中，思考问题之前该员工先自己定义了"前提条件"——"Q'少子化'究竟是什么？"，并由此深入问题。

"少子化"是对某一现象抽象化的表达，要理性地探讨这个问题，就必须先对这个词进行定义。

在这个问题中"日本少子化问题"等专有词汇使用的是其普遍含义。另外，对词语准确下定义，便能与他人从同一视角思考问题，也更利于进行讨论。

数字、事实、逻辑固然重要，但是如果思考对象的概念含糊不清，在此基础上建立起来的逻辑也不会清晰。

什么事情都是"开头最重要"。

第一小题和第二小题中，提出的问题是否与从数字、事实、逻辑中推理出来的课题息息相关；相关的话是否能针对其提高计划可行性，对具体的数字、事实、逻辑进行说明，这两点十分重要。说到解决方案，并不只是简单地提出方案。如果能充分说明在许多方案中选择这个方案的理由，就更好了。

这个参考答案中，将"少子化"给出定义的第一小题对课题进行了细致的分析，对抽象的问题进行深入研究，充分把握问题的现状。

但是其实也不需要这样费尽全力调查。如果关于育儿支援方法方面的信息搜索不全，也可以从其他的问题中搜索出答案。信息的搜集，其实在第三小题中利用网络方面也能得到解决。

"重大课题"中并没有正确答案，不管提出了什么样的布局和计划，与其给人雄心壮志的感觉，不如将细节具体化，给人以稳重、值得托付任务的信任感。

第3章

构建团队做决定的规则

为了将"不能做出决定的人"变成

"能做决定的人"

- 为了准确推进事情发展而制定"既定"规则
- 制定出大家"必须做决定"的规则

01　为了准确推进事情发展而制定"既定"规则

无效率的长时间思考也得不出答案

我经常会在演讲会上认识一些人，他们也会找我商量事情。因为自己无法做决定，就会来向我咨询："您怎么想？"

这本身并没有什么问题，只是让我感觉现在不了解做决定方法和规则的人实在太多了。例如前两天有个正在找工作的学生问我："现在有A、B两个公司，我在犹豫应该选哪一个。"我是这么回答的：

"首先，**定下最后做决定的日期**，在那之前请认真思考。如果时间到了还没有头绪，就通过抛硬币做决定，正面是A公司，反面是B公司。"

做决定的时候，磨磨蹭蹭地考虑很长时间并不一定能得出正确答案。首先应该定出截止日期，在截止日期之前认真考虑，最后大致都能得出结论。

在截止日期之前拼命思考依然无法得出结论，那是为什么呢？你已经把A、B两个方案的利弊都列出来仔细考虑了，依然很难做出决定，就是说其实A、B两个方案都可以。即使花再多时间去思考也得不到答案，那么用抛硬币的方法来做决定也未尝不可。

我们在心里想着"下周三晚上10点之前如果还没有定论，就抛硬币决定"，实际上不用抛硬币也几乎都能在截止时间之前做出决定。大概在周三晚上9点左右就会有"好，就选这个了！"的想法，从而做出决定。

像这样的规则可以自主选择，最后抓阄也好，抛硬币也罢，只要能做出决定就可以。思考的时间也没有特殊规定，如果是工作上需要做的决定，自然会有截止日期。

假设我们需要决定"是否接受A公司的方案"，A公司应该会给出一个截止日期。这时候请从截止日期倒过来推算，给自己定一个期限。如果不确定向上司提交A方案还是B方案，导致在截止日期前才做出决定，那也未免太慢了。所以应该把整理资料的时间也算上，制定出一个合理的期限。另外，有时候上司也不一定会给我们明确的截止日期，这时候最好主动问"什么时候提交比较好？"。

在经营管理上，如果是重大事情，可以花一年左右时间进行考虑再做决定。但是大多数人的能力仍是有限，**花很多时间思考也不一定会得出好的结论**。请记住"时间是相当珍贵的资源"。

因此，迟迟做不了决定的人往往是没有制定适合自己的步骤或规则。可能有人会认为用抛硬币的方法来做决定过于草率，但是迟迟不做决定，在我看来也并不就意味着谨慎。而且相对于"做不了决定"，用抛硬币做出决定也不失为一种合理的解决方法。

为了"做出决定"，先定出"舍弃的总量"

我从20岁左右就给自己制订了计划：每天早上看一小时报纸，睡前读一小时书。

为了实现这样的计划，我必须放弃一些事情：不看电视，不去打高尔夫。有时这个也想做，那个也想尝试，很容易半途而废。重点就是要"断舍离"。

如果想要房间看起来舒适整洁，家具就不能太多，只需保留必要的。一旦你买了自己喜欢的沙发想要将其放进房间，首先应该把旧的家具清理掉。如果不扔掉的话，就放不下新的沙发。

懂得舍弃很重要。

决定要丢弃一些东西时，并不是从考虑丢什么开始，而是应该考虑总共要丢多少东西。比如先决定丢掉"三成东西""丢掉三袋东西"，再决定扔掉什么东西。

有些人什么都想要，有些人又太过努力，还有些人给自己太大压力，导致他们最后都半途而废，做事无疾而终。何不试着先决定一下要舍弃东西的总量呢？

02 制定出大家"必须做决定"的规则

划分时间段

无法做出决定的人有一个共同的特征,那就是错以为人力和时间都是无限的。这些人总觉得可以花很多时间,或者管理人员以为可以支配许多部下。

然而实际的生意场并不是这样的。时间有限,人力资源也很有限。如果不能在有限的时间及资源里做出决定,便无法形成优势。

制定类似"简单的事情一周决定好,难一点的两周时间做出决定"的规则并养成这样的习惯,将时间分段处理。首先要从养成这个习惯开始,那么即使有各种各样需要做决定的事情,"决定时间期限"本身就不会太难。如果连期限都没有定,还把事情往后拖延,是不会养成决断力的。

有几个方法可以帮助养成划分时间段的习惯。

如果上司分配任务,不要马上回答"是,我明白了",应该先询问："什么时候提交比较好呢？"因为不管是什么任务都必须提交给上司，这是在确定提交的时间。确定了截止日期之后，就要在这之前做出该做的决定。

反过来，如果你是上司的话，在给部下分配任务时，请一并把提交的日期说清楚。理想状态其实是：**把要求的质量也一并说清楚**。是时间紧迫，只需给出大致计划就行；还是时间充裕，希望制订出更加细致的计划。应该把该任务的目的和截止日期一并提出来。这样也是在确定"期限"，有助于在小组内普及"做决定"的规则。

另外，下达命令时最不可取的方法是："去考虑一下这个、还有这个。"若是这样的命令方法，永远都不会有人提交出满意的报告。

当心规则统一的错误想法

然而给部下或者在工作团队中普及上述规则时，要当心"统一规则的错误想法"，即不管是哪个项目，都用同一个规则。

比如，统一定下了"给部下的截止日期应为真正截止日期的前两天"这样的规则。假设有个项目进行得并不顺利，又交给了新职员，但新职员可能没有想象中能干，需要三天时间才能修正。如果交给熟练业务的老职员，则有可能完全不需要修正的时间。

如果定下来的规则经常出现不实用的情况，那么这个规则其实也就形同虚设了。久而久之就会形成时而遵守，时而违背的习惯。但这已经不能叫作"规则"了。

工作中也会有合作伙伴。凡事都用同一套思路，并不一定能顺利进行。要根据对方的具体情况和个性，选择合适的方法应对。并不存在完全相同的职场或者是完全相同的人际关系，所以实际上也并没有相应的统一规则。全都要通过具体情况具体分析，这才是经营管理的本质所在。

另外，不只做决定，在日常工作中也是一样，为任务划分时间段，制定一套规则。尤其是必须在一个特定时间内完成一项任务时，制订一套包含时间分段的计划，能起到很大帮助。

我从2011年4月便在钻石出版社的在线杂志——"钻石在线"上连续刊载《出口治明的建议：日本的优先顺序》这一读物，基本每周更新一次。

我计划在周日晚上9~12点这段时间写稿子。周日我有演讲会，结束之后又会去恳谈会上喝几杯。但因为我给自己定了这样一个计划，所以晚上8点半左右就得回家。因为不想影响自己的睡眠，就需要在晚上12点之前完成，所以当时的注意力也相对集中。

经常有人跟我说："您明明很忙，却还是坚持下来了呢"，其实只要确定写作时间，还是不难坚持的。说自己"没有时间，办不到"的人，往往没有给自己制定规则。他们总想着"有时间再做"，到最后什么也没做成。

普及"数字""事实""逻辑"的思维方式

生命网络人寿保险公司已经将"数字、事实、逻辑"理论灌输到每个职员的行动方针中了。在员工共享的博客上，经常会出现用"数字、事实、逻辑"的理论分析"父亲的肩膀有多宽"这样看似无聊却很有趣的事情；也会听到某职员说"今天好像会下雨"，另一职员回答"请去调查一下下雨概率"这样的对话。

看到这种趣事的人会来问我："出口先生的思维方式已经延续到职工身上了，您是怎么做到的呢？"

很简单。其实就是**反复说明，制定制度**。

如果是重要的事，那么一定要反复说明。不管你多么认真地讲解，还是会有人听不进去。但是只要不厌其烦地反复说明，最终还是会被听进去的。如果你认为只说一遍就能将意思传递给他人，那大概也不怎么了解人性。另外，如果没有能力重复说明，那也意味着其实并没有完全理解自己讲话的内容。可能在哪里听到的一句觉得"不错"的话，当时背下来了，但并不表示你能反复向别人解释这句话。因为自己心底并不一定是这么想的。

我会在公司早会上，或者是发给全体职员的邮件中，一有机会就反复说明一下核心理念等。

另外，制度化也很重要。只是反复念叨并不能改变他人的思维习惯。想要让员工养成用"数字、事实、逻辑"理论思考问题的习惯，就必须打造出必须动脑思考的环境。

上司不给出答案

为创造出必须动脑思考的环境，上司便不能轻易给出答案。即使心里觉得"怎么还做不出决定""连这个都不懂吗"，也必须忍耐。一旦上司给出了答案，部下就不会再思考。之后就会一直为部下无法做出决定而感到焦虑。

不直接给出答案，而是共享思考过程，使部下掌握做决定的能力才是正确之道。最初阶段，上司可以以曾经做出的决定为例，向部下说明其思维过程。举出"数字、事实、逻辑"进行说明，"因而做出这样的决定"。

俗话说"授人以鱼不如授之以渔"，说的就是要培养部下的能力。一味地叫部下去思考，这对没有思考习惯的人来说是相当困难的。应该以公司或者是小组为单位制定思考的制度或规则。

例如生命网络有一个"禁止随意签订合同"的规定。合伙公司都要经过竞标进行选择。无论交易金额大小，都要接收数家公司的报价，仔细选择之后再订货。这个过程很烦琐，因为从"选择"到"做决定"，都需要将其中的理由进行解释说明。

比如下面这种情况：

"拿到了A、B、C三个公司的报价，并对其进行了审核。A公司成本较低，B公司售后服务周到，令人放心。这次竞标只有10天时间，没有办法进行详细的事前调查。因为B公司在项目完成后还能进行改良，因此决定选B公司。"

如果本次的交易额是10万日元，人们很容易这样想：把这个任务交给之前合作过的公司就行。然而，对10万日元工作太过随意应付的人，也不会太重视一亿日元的工作。所以，为了培养员工勤于思考的习惯，也应该制定相应规则。

这样，职员们自然会在商品价格、质量、售后服务、低错误率和企业信用值等方面产生一定的判断标准。也就能针对这些方面进行打分，以方便对比。

例如：A公司价格方面9分、质量方面6分、售后服务方面1分、低错误率方面5分、企业信用值5分，合计26分。而B公司价格方面5分、质量方面7分、售后服务方面8分、低错误率方面5分、企业信用值5分，合计30分。按这样的方法就能判断出B公司更好。

交给部下

话虽如此，还是有人不放心把事情交给部下吧。其实只要仔细审视委托给部下的任务便可。

与本书第18页谈过的风险相同，我们并不会将关系公司存亡的工作交给部下，因为这相当于是超出其能力范围的风险。如果确认这个任务失败后公司、部门有能力补救，也会是部下能力范围内的任务，那么把任务交给部下后，只需要考虑其会不会成功即可，学会适时放手。

经常会有"不能将任务交给部下的上司"。这样的人凡事亲力亲为，希望部下按自己的想法做事。他们认为做决定是上司的职责。我并不这么认为，上司应该是指引方向的人，而不必凡事都冲锋在前。

因为上司决定全局，才会导致看脸色的员工增多。他们不是用"数字、事实、逻辑"这一理论，而是有可能按照"领导喜欢"这个理由来选择方案。因此，**部下能力范围内的事情，让他们自己决定。**

我经常举的一个例子是《国王的新装》。

国王非常喜欢新衣服，一个骗子假装手捧一件衣服到国王面前说："任何不称职或者愚蠢得不可救药的人，都看不见这衣服。"其实骗子手上并没有衣服，只是大臣们都害怕被说愚蠢，便争先赞美这衣服好看。当然，国王也看不见这件衣服，但是他还是穿着"衣服"上街游行了。

有一个小孩指出了"国王没有穿衣服"。国王心里虽然觉得小孩是正确的，但他想"我必须把这游行大典举行完毕"，于是只能继续若无其事地往前走。

想在集体中过得舒服，方法很简单：对集体中存在的矛盾睁一只眼闭一只眼。虽然对没穿衣服的国王持有不同看法，但是同旁人一样对其忽视默认才是最轻松的决定。

但是这样就不会有创新，也不能做出正确的决定。

所以我们需要时不时反省自己：在领导身边我们会不会成为夸皇帝新装的人。另外，如果身边有人像那个小孩一样会提出"皇帝没穿衣服"的反对观点，请不要无视，而是要好好重用他。

如果有人找你商量"不能做决定"这个问题

大概大家都有碰到这样的情况吧，部下过来商量："我做不出决定，现在很烦恼，您说我该怎么办呢。"

我向来不接受这样的咨询。

一般情况来说，上司的工作范围更广，负责的项目也更多；而部下负责的项目较少，他们应该最清楚自己项目的状况。然而，却让更不了解状况的上司为最了解情况的部下做决定，不是很荒唐吗？况且，我并不会帮部下做决定。因此，我常常会说"你自己做决定"，然后把他们打发走。

但是，如果是如下询问，就另当别论。

"现在有 A、B 两个方案，各自的利弊……我认为……，所以想选 B。但我经验不足可能想法太过单一，您能给我提供一些意见吗？"

我只接受意见明确和思路清晰的咨询，并给予其建议。为了增加 $y=f(x)$ 中 x 的变量，我也会提供一些自己的视角。

问上司"怎么办"，就说明其没有认真思考。没有思考，而做不出决定，相当于没有好好工作。如果碰到这样的部下，上司是绝不会帮其做决定的。因而必须从日常工作中培养部下独立思考的习惯。

将核心价值书面化

生命网络人寿保险公司的"主干"是公司的宗旨（见图3-1）。公司内出现意见分歧时，必定会让大家重读公司宗旨。如此一来，问题就能迎刃而解。

像生命网络一样，将公司的核心价值、员工的行为指南书面化并进行宣读的公司应该不多。但是如果只是把它当作空壳，而没有发挥其作用的话也毫无意义。

公司宗旨的重点是应该符合实际，简单易懂。

例如，生命网络人寿保险公司在2012年的社会招聘中录用了15名应聘者，其中有两名超过了60岁。公司对社会招聘的宗旨是："招聘人才不限学历、年龄及国籍"，录用这两名60岁以上的人为正式员工就没有任何疑议。毕竟"年龄不限"的意义，任何人都能理解。

然而，假设公司章程是"录取符合高龄化及全球化社会的人才"这样模糊不清的表述，情况又会如何呢？人事部的职员可能会想：55岁倒还好，但是录用60岁以上的人，上司会生气吧。于是就算是再出色的人才，他们也可能不敢录用。

以下便是我们公司的章程。我认为每一条都简单易懂，符合实际。

图 3-1　生命网络人寿保险公司章程

第一章　我们的行动指南

❶ 公司力求回归人寿保险本质，即人们有了"未雨绸缪"的想法。

❷ 以客户的利益和便利为先。切勿忘记每个人都是消费者。

❸ 公司只设计、销售值得信赖的险种。

❹ 创办透明度高的公司。在官网上公开经营状况、险种信息及公司状况等。

❺ 录用人才不限学历、年龄及国籍。重视儿童教育。将工作人员从束缚中解放出来，力争提供充满人性化的寿险服务。

❻ 公司承诺以保护客户信息为先，诚实守信。遵守企业规则，不断增强企业责任感。

第二章　使人寿保险更易理解

❶ 产品说明简易化。制定使初次访问公司官网的人也能理解的商品结构。例如：放弃复杂的"附加险种"，只提供主要险种。

❷ 公司希望客人自己判断、购买适合自己的险种，因此需要公开相关所有信息。例如，毫无保留地让客户知道本公司的产品保留着人寿保险最原始的类型，即内容简单、成本低；既没有分红型保险，也不需解约金，更没有附加险；保费可按月支付；等。

❸ 制定完整体系，对客户进行保险知识解说，直到客户"理解为止"。客户有不明白之处，可以随时到客服中心进行咨询。或者在网页上根据音频或视频解答疑问。

❹ 公司的官网不只有购买保险的功能，还有"学习人寿保险"的功能。

第三章　降低保险费

❶ 公司应竭力做到除了必要部分，不向客户收取多余的保险费。

❷ 本公司的寿险产品，是自己设计直接销售给客户。因此省下许多成本。

❸ 不设定过高赔偿金，而是实实在在的金额。因此保险费的性价比也会很高。

本公司保险设定是以逝者家属继续正常工作为前提。"所有人都工作，这是相当自然的事情。"因此，出现意外时所得到的赔偿金也设定得比以往的公司低。

❹ 以合适的价格，买确切的保障。公司最早只有简单的"单品"。好的保险商品，应该要做到容易理解、价格合理、服务周到，付款时精确快捷。因此，本公司不销售绑定许多附加条款的保险组合。

❺ 控制办公成本。减少纸张使用量，利用网络确认合同内容。

❻ 人寿保险被称为仅次于住房的高价商品。本公司致力于帮助您：通过每个月的小节俭，实现人生的大变化。

❼ 本公司欲创造出一个减少保费，让顾客尽情享受人生的社会。

第四章　使购买流程更简单便利

❶ 可随时在网上申请购买本公司的寿险产品。

❷ 可不使用个人印章。本公司会向客户邮寄必要的法律文件，客户只需确认签字即可。因此，除银行转账申请表，客户无需在资料上盖加个人印章。

❸ 公司采取周岁政策。从出生日期开始的一年内，任意时期的保险费用均相同。

❹购买商品时的保费支付流程与死亡、高度残障、住院、手术这些词类似,有明确规定。需按照规定,严格执行。

结合国家统一发放的医疗明细表对手术下定义。国内采取这样方式的公司数量尚少。简单明了地确认"是否进行手术"。另外,公司依然采用目前人寿保险中列举的88项相关规定。

❺公司在操作程序上力求"简单申请""快速生效"。所有产品都可进行保费代办。另外,客户也可致电客户服务中心索要必要的申请文件。控制申请文件数量。这样简单的商品构成也是回归寿险的本质。

本章程为公司行动指南,永久有效。

请关注我们的成长。

生命网络人寿保险有限公司

在制定公司章程的时候,我和搭档岩濑进行了全面深入的探讨。考虑到自己起草章程太过主观,我们邀请专业编辑进行编排,因而完成了一份很好的章程。

将公司的核心价值书面化,就应该以客观的态度对其进行评估。可以试着询问部下:"这个条约的意思你能明白吗?"如果得到的答案超出预想,说明这个章程"令人费解"。这时就有必要再次对其进行研究。

"少"而精

保险公司常被认为是由纸和人构成的公司。如果能减少纸张和人工数量,就可以降低公司成本,客人所需负担的保险费用自然也会降低。

生命网络人寿保险公司为了减少纸张费用,公司内部会议原则上不使用纸质材料,而是使用PowerPoint,重要的地方用投影仪放映出来。参会者利用PowerPoint进行提问或讨论。

刚开始实行这一制度的时候,我们用投影仪把纸质资料投影出来。然而出现了字太小的情况,经常有职员抱怨"看不清"。于是,发言者改为总结要点,用较大号的字显示出来,从而减少了不必要的费用,也使资料更加精练简洁。

如果可以无限制地使用纸张,大家很容易会把想说的话全部陈列出来。似乎不把查到的资料和自己所了解的事情全部展示出来就不罢休。然而,真正有必要写出来的东西并没有那么多。只用PowerPoint,自然而然减少许多不必要的费用。

另外,提到公司内部会议,我们设置了与职工人数相对应数量偏少的会议室。会议室数量有限,就能减少冗长而无效的会议。开会时间也会有限制,报告型会议定为30分钟,决议型会议定为一小时。超过预约时间的话,下一个预约者可以去提醒"请尽快空出会议室"。这样便能提高会议效率。

> **图 3-2 "做决定"的流程要点**
>
> ◎ 设置截止日期
> ◎ 公司成员一起动脑思考、制定"规则和流程"
> ◎ 定下范围,让部下做决定
> ◎ 反复说明重要事件,并将其书面化
> ◎ 控制数量

"少而精"这个词的意思是数量少却很优秀,而不是"少数优秀的人便足以"。也就是说"少才能精"。包括员工人数、会议时间、资料数量等,只要控制在少数,自然就能提高质量。

第4章

边实施边完成

在尝试与更正中前行

● 觉得有七成把握就行动

01　觉得有七成把握就行动

在尝试和错误中找到正确思路

目前为止我已经介绍了做决定的思考方式。但按照这种方式,就肯定不会有错误吗?

并不是。

生命网络人寿保险公司是新兴企业,很多事都是第一次做,需要反复摸索尝试。失败也是常有的事。

但是,失败也不失为一件好事。

从一开始越是以完美为目标,人们进步的空间就越小。花大量时间去思考,并不一定会想出很好的点子。深究问题的根源是很有必要的,但一直执着于一个问题也不见得能得出最佳结果。

假如你认为有七成的把握,那就开始行动吧。但凡发现有进展不顺利的部分,就修改方案,边实施方案边修改不足之处,直至方案完成。这就是我们说的在尝试和错误中前行。

而如果不想失败，就不要参考其他公司或过去的成功案例。新兴企业不可能靠模仿他人取得成功，而是应该有自己的奇思妙想，并付诸实践，也许会失败，但是在行动的过程中可能会发现战胜大型企业的秘诀。

在反复摸索中保留下来的肯定是"好东西"。试着在保留下来的东西中运用"数字、事实、逻辑"理论进行整理，就会得到你自己领会到的最珍贵的内容。

自带便当也要进行全国演讲

下面我来举个关于"尝试和错误"的例子。

为了让更多的人了解新公司，就得宣传公司的相关信息。这时，大家都会马上想到举办演讲会、出版书籍等，听起来都是一些比较行之有效的办法。生命网络也是如此，为了提高公司的知名度和信任度，我和岩濑努力著书、演讲，希望更多的人能了解生命网络人寿保险公司。

不过生命网络的演讲会形式稍有不同。

我在推特等平台发布信息："全国范围内，只要有10个以上的人需要听我演讲，不管是哪里我都会自带便当奔赴会场。"有些地方的学习会邀请我到他们那演讲（"请一定要来我们这演讲"），我就去了。生命网络的名气传播正是以这种方式展开的。多的时候，我一个月大概要讲20场。

常常有人对我说："您这么忙，还经常自己带便当出席这种小规模的演讲会呀"。读到这，应该有很多人在想：组织不到100名听众来听演讲，效率会不会太低；全国范围内来回跑，会不会给其他业务带来不便。

最开始的时候，我也觉得针对年轻的顾客群体，召集100人左右进行宣传会比较有效率。

但是，认真一想，这不是一件很容易的事。

即使租了东京某地的大堂，我也不知道到底应该以什么形式把这些年轻人集合起来。况且开业之时全公司的员工只有40人左右，无法合理分配人员来策划、举行演讲会。

我们也曾经尝试将演讲会委托给策划公司，结果仅是在三四十人当中宣传，光场地费和运营费就花了30万~40万日元。因而，我觉得"这样不行，不能再继续下去"，便中止了这个做法。

之后才有了在推特上的号召。人数也从100人减少到10人。

请想听的人来听讲座，原则上不需要成本，也不用花人力召集听众或借租场地。而且我自己带便当，虽然没有演讲费，但整体来看成本基本为零。有时邀请我去演讲的是大企业，他们会根据内部规定支付我一定的演讲费，我就将这些演讲费放在公司作为储备金。就算是从东京到福冈演讲，我也只坐廉价飞机、住商务旅馆，这样三万日元就足够了，放在公司的那些储备金完全可以负担。

尝试，并将最好的方法继续下去

实践出真知，这个道理在小规模演讲中可以充分体现出来。小规模演讲时，听众可以尽情提问，双方不是"演讲者和听众"之间的关系，而是近距离的谈话者的关系。

我们也曾在演讲结束后安排恳谈会。我与十几个人一边吃饭一边聊天，让他们更好地了解生命网络人寿保险公司。

参加人员大多活跃于互联网，他们经常在博客、Facebook上发表对演讲的看法，对此我感到无比欣喜。因为，假设我通过演讲认识了10个来自福冈的人，再通过博客、Facebook等方式，就有可能会有100人知道生命网络人寿保险公司。

此外，演讲会的主办方基本上都是个人，演讲又集中在周末或是晚上。我一般选择金融机构的负责人在陪客户吃饭或是打高尔夫的时候演讲，因为这并不会影响正常工作。

现在我每年大概演讲250场，所需的人力可以在最低限度内持续下去。对于最初的命题"如何提高生命网络人寿保险公司的知名度"，这是我们找到的最有效的方法之一。

我们并不是一开始就知道这个方法，而是在尝试和错误中不断摸索才有所收获。试着去做才会知道这个方法是否是最有效的，继而才得以持续下去。

每个人并非天生明智，最初我们什么都不懂。**先试着去做，如果不行再改变方案**。在尝试和错误中寻求最合适的方案。

小诞生，大培养（小试牛刀）

"尝试和错误"可以使我们获得成功，此外还要明白一点："小诞生，大培养。"

当下属提出有趣的点子时，建议尽量从小范围开始做起。比如："用10万日元的预算在千代田区先做做看，做得好的话再扩大10倍预算，在东京范围内展开。"

这样，下属会干劲十足地去努力。即便方案不成功，也可以在别的地方挽回损失。

如果猛然投入大量人力、物力让下属去挑战，会让其觉得一旦失败就完了，那么原本可以做好的事也可能会做不好。

还有一点是"即使失败了也不生气"。

因为是在尝试和摸索阶段，所以失败也在情理之中。失败可以说是成功的前提条件之一。所以，尝试和摸索不能一点一点地看进行的效果，应该保持"整体表现良好就可以"的心态。

不明智的上司就会对尝试和错误一件一件仔细确认，追究员工的责任："这个为什么失败？""谁的责任？"领导如果这样做，那么下属就会变得不敢再挑战了。因为谁也不想冒风险。公司将逐渐变得没有前途。

"尝试和错误·小诞生，大培养"这种思考方式，是我在20世纪80年代初调往日本兴业银行时上级教给我的。当时上级说："时代变了。用上百亿投资炼铁设备就能大赚一笔的日子已经结束。未来的路谁也猜不透,只能多想想小点子,可行的话再把它做大。"

日本战后的劳动力不断增加,汇兑方面因为固定汇率而没有风险,在经济高度成长的三四十年内前途了然。但是,将来就不是这样了,所以我们需要在尝试和错误中摸索出适合发展的正确之路。

我在日本兴业银行学到了很多东西,这种思考方式已经融入我自身的一部分了。

尝试中,可预知效果

在尝试中,通常会意外地提前知道效果。

我想很多企业都会充分利用博客、推特等媒体,生命网络人寿保险公司也不例外。员工博客、我自己的博客、推特在一定程度上也起到了助推作用。

员工的博客并不是在我的指示下发布内容,也就是顺其自然而已。"大家都喜欢做,也就没有理由拒绝",或是意识到"章程上写着'成为一个透明度高的公司',公开信息是一件好事"。

但是,在这种尝试中获得了一个意想不到的效果:通过在员工博客上公开信息,中途雇用员工的成本降低了。

中途入职的员工基本上都是看到已就职员工的博客而前来应聘的。在浏览员工博客时,可以看到许多想了解的内容,比如宣言书上真实表现着生命网络人寿保险公司的员工是什么样的,每天是怎样工作的。了解了这些之后,他们产生了"想一起工作"的念头,于是就前来应聘,基本就不会有不合适的人。

我推特上的顾客咨询是一名20多岁的员工随手做的。他随便上传了我的一寸照片注册好,突然对我说:"密码是这个。从今天开始每天默念五次。"

我问:"为什么要这样做?"他说:"这样可以跟客户直接对话。"又说:"出口先生您不是老说'小诞生,大培养'。推特是免费的工具,比较麻烦的初期设置我来做,您只要负责交流就可以了。用这个试试,如果有意思的话就继续做下去,难道不是这个道理吗?"

既然是这样的话也没有反驳的必要,要不就试试看?我开始在推特上发表一些言论。这之后的确能够和之前没有接触过的客户谈话,看来确实很有趣。

与此同时,现在有很多人直接通过推特和我预约演讲。由此,下属希望我接着开通Facebook,直到现在还在力劝。

与常人做一样的事无法开拓新路

上市公司的老板很少用自己的名字来开通推特或Facebook。这些人还保留着传统的思考方式,认为"开演讲会首先要将正式的文件送到秘书处",所以大概会觉得我的推特开通是一件打破常规、特别惊讶的事吧。

但是，就是这样的社会常识和普遍想法阻碍了挑战的机会。如果按照社会常识做和别人相同的事，那么就不能开拓冒险之路。

要做到这一点，首先我们必须回到原点，一切归零。然后边行动边思考，在尝试和错误中前进。这便是挑战的过程。

第5章

遵循那1%的直觉

越是重要的时刻,越容易产生第六感

- 迷惑的时候,靠直觉
- 为了锻炼直觉

01　迷惑的时候，靠直觉

直觉果然是正确的

犹豫不决的时候，我会凭直觉做决定。

前面我们针对"数字、事实、逻辑"理论谈了许多。但是单凭这些，还是会有决定不了的事。这时，就需要凭自己的感觉做出最终决定。

在这种情况下，应该相信自己的直觉，做出决定。

直觉，绝不是胡乱猜测。它是人们无意识地在大脑里检索的结果。当人们意识到"这是非常重要的事"时，大脑就会充分运转，利用以往经验中获得的内容瞬间搜索深藏其中的信息，从而找到最适合的答案，因此可以说这个答案是相对正确的。

如果人生经验和知识积累都不够，那么大脑也不会给出超出经验范围的答案。所以直觉还是"正确"的。这时我们也就只能相信直觉，采取行动了。

在找寻伴侣的时候也是这样的吧。四目相对的瞬间，你只觉得"这人不错",却无法用逻辑来解释原因。寻找另一半是件非常重要的事,因此需要充分利用大脑给出答案。

再举个简单的例子。当人们从意外灾害等紧急情况中逃生时,大脑会充分运转。我们当然知道发生火灾时,应该"身体尽量下蹲,左手捂住嘴巴,靠近窗户匍匐前进,右手开锁逃离现场"等对应举措,但是却没有人会按步骤进行,因为我们根本没有时间思考。在生死关头,大脑不会有意识地根据指令一步一步行动,也没有这样的时间。我们会无意识行动起来,结果是"刚刚拼命往外逃,等回过神来,已经远离了火场"。解救我们的正是直觉。

积累越多,直觉越准

池谷裕二(东京大学大学院药学研究科副教授)是日本最权威的脑部研究专家之一,他认为人们积累的经验越是丰富,直觉的准确度就越高。因为"方法记忆"成就了直觉。

人们骑自行车时动用了各种各样的肌肉。但是因为活动过程太过复杂,很难被意识到。其实,这一活动作为方法记忆被无意识地保留到了大脑中,人们即使没有意识到肌肉的运动,也会骑自行车。直觉和它一样,**即使人们没有意识到,但大脑已经处理了大量的信息,为我们指引答案。**

在选择伴侣时,如果缺乏经验或许会失败。话虽如此,但如果毫无行动,直觉的准确度也不会提高。所以,要相信当下的直觉，即使失败了也没关系，重要的是行动起来。

就算是毫无意识的状态下大量信息涌入大脑，在关键时刻这些信息也可能会带来意外灵感。

被称作"天才"的人，大概是通过大量的信息输入来提高直觉的准确度。因为人们很难用理论来说明信息输出前后的过程，所以才把这些人称作"天才"。

天才音乐家坂本龙一先生自谦："我哪里是什么天才啊。"身为作曲家的坂本先生并不是天生就有独创性。据说他的父母给他买了各种各样的音乐唱片、录音磁带，从古典音乐到爵士音乐，从摇滚音乐到浪花调，就连睡觉时也不放过，让他24小时地听音乐。正是听了各种各样的音乐，无意间将大量的音符输入大脑。当他准备谱曲时，大脑中积累的这些音符便可以自由组合，形成音乐。

所谓直觉，就是目前为止信息输入的累积。首先，要坚信"直觉是正确的"。

无法靠直觉行动的理由

即使你的直觉再好，如果不将这些判断应用于行动中，也毫无意义。

人们不能用直觉来指导行动的理由，大致分为两类。

其一，**偏执地认为"工作就是全部"**。这类人觉得一旦失败，整个人生就完了，所以认为决定本身就很可怕。而且这类人即使有直觉，如果没有理论依据也会不安。他们会不断地寻找让自己认为"这个选项完全正确"的理由。即使发现一丁点"似乎不正确的理由"就会变得犹豫，最后选择了其他的选项，没办法坦率地相信直觉。

其二，考虑与工作没有直接关系的事——"会被人们怎么想"。希望得到上司或周围的人表扬，从工作目的来看，这原本也与工作毫无关系。如果想太多就会导致思维混乱，从而使直觉失灵。

我前几天在推特上看到这么一句话——"如果你想混日子，可以选择以下三种方式：抱怨、羡慕他人、希望得到他人的表扬"。

人类是很脆弱的生物，所以偶尔会抱怨、羡慕他人，或者希望得到他人的表扬。但如果总是这样，人生就会变得浑浑噩噩。

抱怨不会带来任何好处。过去的事一去不复返。对于别人拥有而自己没有的能力、财产产生嫉妒或羡慕是没有意义的。为得到他人表扬而做某事就好像自己的人生听凭于他人。"天知地知我知"，不好吗？我觉得这是明诚自身的最佳格言了。

要把直觉运用到实际行动中，首先思想上要认为"工作再多也只占人生的30%（一年8 760个小时中，工作最多占据2 000小时），应该及时果断行动"，然后确信一点：比起周围的评价，自己的直觉更值得相信。我不是为了得到他人的表扬而做某事，而是相信自己是正确的才去做决定。

失败是正常的

我想把"失败是正常的"这句话送给害怕失败的人。

纵观人类历史,那些想要改变世界最先行动的人,99%都会在斗争中死掉。他们还没完成个人志向就结束了一生。

登上教科书的那些伟人,即剩下的这些成功的1%垂名青史。同样想要改变世界却无名败退的人也非常多。即使是这些伟人,他们在成功前也经历了许多失败。

正如大家都知道的,托马斯·爱迪生在发明电灯之前失败了许多次。他因此也有句名言:"我哪里是失败了,不过是找到了一万种不可行的方法罢了。"

行动后失败,只是说明你是多数人中的一员。完全没有必要在意。只不过说明这件事"看来真不简单",或者像爱迪生所说的那样"不过是找到了不可行的方法"。

只是,如果不行动,是绝对不会成功的。

那些认清了99%的可能会失败,还勇于挑战1%的成功率的人,才改变了这个世界。

畏惧失败而无法做决定的人,请多学习历史,阅读传记。认真体会先辈们从失败事迹中的感悟。

向他人说明凭感觉做决定的事

凭感觉做决定时,有人觉得无法向别人说明理由很不好。当无法全部用理论来说明理由时,心里就会变得不安。

但是，人们在做决定前，应该要考虑各种各样的情况，包含数字、事实、逻辑方面。所以，与通过"数字、事实、逻辑"做决定一样，说明决定的理由时，可以这样说："充分对比A和B，它们分别有各自的优点和缺点……然后凭直觉做了最终决定。"

听者只听到说是凭直觉做决定，心里会产生不信任感。但是，听到做最后决定前的全过程，应该是可以理解的。

另外，有人说女性直觉敏锐、是感觉动物、缺乏逻辑。我却对这种说法持怀疑态度。在男尊女卑的旧式社会，这难道不是因为人们想说"女性不适合商业"而捏造出来的言论吗？我认为生意场上的男女是没有差距的。如果说女性不擅长用逻辑来说明决策的过程，也是因为女性没有受到这方面的训练。

即使没有信心也得做决定

经常会有这样的情况：直觉认为是这个，但没有自信做出决定。假如能有数字、事实、逻辑来说明理由的话，会更有自信。但因为是靠"直觉"做决定，自然无法用逻辑说明理由。

而如果说是因为没有自信，而延迟做决定的话，那就没意义了。总之，只要能及时做决定，再通过训练，便可以增强自信心。

即使最后结果不如人意，这样的经历也会让你的直觉更加精确敏锐。

失去理智的时候

工作的确只占人生的30%，但因心里没有把握，也常会生气或失去理智。人本来就是感性动物，论谁都有变得感情用事的时候。当你气得发昏时，直觉很难再发挥作用，无法做出正确的决定。这时候应该怎么办呢？

感觉自己激动时，**我就会吃美味的食物或是喝一杯咖啡让自己冷静下来。**午饭看到香喷喷的饭菜时，就会觉得刚才生气的事太幼稚。吃完午饭回到工作中，便可以重新冷静下来，也能好好思考问题了。当你焦躁不安时，吃东西比告诉自己"冷静、冷静"有效得多。

在法国，有种说法："夫妻吵架，去吃星级大餐就好了。"意思是说当他们去米其林星级餐厅吃饭，便可以重归于好。餐前，菜、鱼、肉……服务员不断地端出美味食物，夫妻俩刚才生气的情绪早就忘得一干二净了。价格也许是与饭菜价值相当的，用金钱买了双方重归于好的"美好时光"也是值得的。

工作中气得发昏时，泡一杯咖啡喝，或是到卫生间冷静一下也是不错的应对方式。只要稍作休息，就可以恢复到自己原来的状态了。

当失去理智时，借时间来治疗是最佳良方。

02　为了锻炼直觉

锻炼第六感的积累

　　正如前文所说，直觉是大脑在某个时间点投入运转时提出的解决方案。无意识中大脑已经迅速收集所有信息，进行思考，从而给出答案。一个人积累得少，那么大脑只能给出与之相对应的直觉反应；而积累得多，也就产生相对更准确的直觉。所以，**直觉对一个人来说，往往是正确的**。如果今后直觉丰富了，也许还会产生其他选择，现下的直觉就是"当前最好的解答"。

　　要想锻炼直觉，就要增加信息输入。向无意识的大脑输入越多经验和信息，就越能提高直觉的准确率。

　　这里我给大家锻炼直觉的建议是：到各处去长见识、多读书、多与人接触。对我来说，"旅行、书、人"是有效的信息来源。

旅行——会有意想不到的发现

旅行是信息输入的重要方法之一。

比如，我们阅读与樱岛有关的书籍和到实地看到一堆落下的火山积尘，这两种感觉是不一样的。我们看到了落灰的大小形状，了解其周围的环境，即可以想象"大概就是这样"，但当到实地时肯定会有意想不到的发现，也会感觉"百闻不如一见"。这是因为我们的感官都在工作。

现在去国外旅行并不是多么奢侈的休闲方式。和国内旅行大概相同的费用就可以去国外很多地方旅游。即使像伦敦、巴黎、纽约等人气高的城市，不论淡季旺季，都可以找到10万日元左右的机票。

在日本，相对于金钱，能否有集中的假期才是关键。工作张弛有度的话，休假一周左右应该都不是问题。从30岁左右开始，我总会在夏季和冬季休假两周。虽然上司有时会不高兴，但实际上我休假两周在业务上也不会产生多大问题。

传统的日本上司看到下属不停工作，常常会表扬"很努力"。不休假不停工作并不是不值得尊重。但是一般来说，该努力工作的时候就要努力工作，而该休息的时候也应请个长假尽情休息，这样更能提高员工的工作动力。

书本——与实际体验有同样的影响力

在旅行、书、人这三种信息输入方式中，书应该是性价比最高的。

我一直推荐大家看古典书籍。从古至今一直被人们诵读的经典，是优秀名家写的。优秀的人无论传授什么肯定都不会差。而且一本书只要1 000日元左右就可以买到，所以说没有比这性价比更高的选择了。

虽然经常有人说过去的书对现在这个时代已经不起作用了，其实没有这回事。毕竟，人类的大脑大概13 000年没有再进化了。

例如，我读《韩非子》的时候，书中经常出现与现代大企业相同的情况。从两千多年前开始，人类框架内的政治学就没有再改变。这当中人类是怎么思考的、行动的？从《韩非子》这本书中，都可以深刻地了解到。

此外，有人会觉得如果自己没有亲身经历过或直接面对面与人交谈是学不到东西的。

实际上，大脑对于亲身经历过的事与印象中的事没有很大的记忆区别。无论是眼前的现实还是电影作品，同样是根据视觉、听觉进入大脑中的信息。电影作品具有现实感，常对人产生很大影响力。

影响力是按照乘法计算的。比如，能力是1~10个单位，而与人直接见面谈话的话，被迫力为10，那影响力就是10×10=100。当能力是100个单位，而在书中读到的被迫力也许就只有见面的1/10，100×1=100，所以读书也有同等程度的影响力。

能力10 × 被迫力10= 影响力100

能力100 × 被迫力1= 影响力100

我非常喜欢书，读起来就会马上入迷，属于很容易受书本影响的人，所以我的被迫力大概是5。这样，能力100 × 被迫力5= 影响力500。比如，我通过阅读了解了蒙古帝国的五代皇帝。这对我的影响力，是上司（在我眼中很了不起）影响力的五倍（见图5-1）。

另外，我想额外介绍一下自己的读书方式。拿到一本书后，我会阅读一下前五页，如果觉得没有意思就会放弃。对于无聊的书籍还继续坚持，我认为是浪费时间。如果开头五页很无聊的话，到最后大概也不会有意思的。

相反，如果我认为这本书的开头五页很有意思，就会坚持把它读完，不会半途而废。我的信条是"all or nothing"。

人——说出"yes"能收获许多

与人接触是锻炼直觉的另一个重要的信息输入方式，所以当有人说想要见我，只要日程安排没有问题，原则上我是不会拒绝的。从30岁到东京开始我就决定见面、聚会邀请等只要方便就不拒绝。这也是我给自己设定的一个原则。

盲目加入自己的猜测，如"我见他也是没办法啊""这个聚会感觉没意思"是没有必要的。

因为这样的想法难得的聚会机会就被自己破坏了。这些偶

图 5-1　影响力的乘法法则

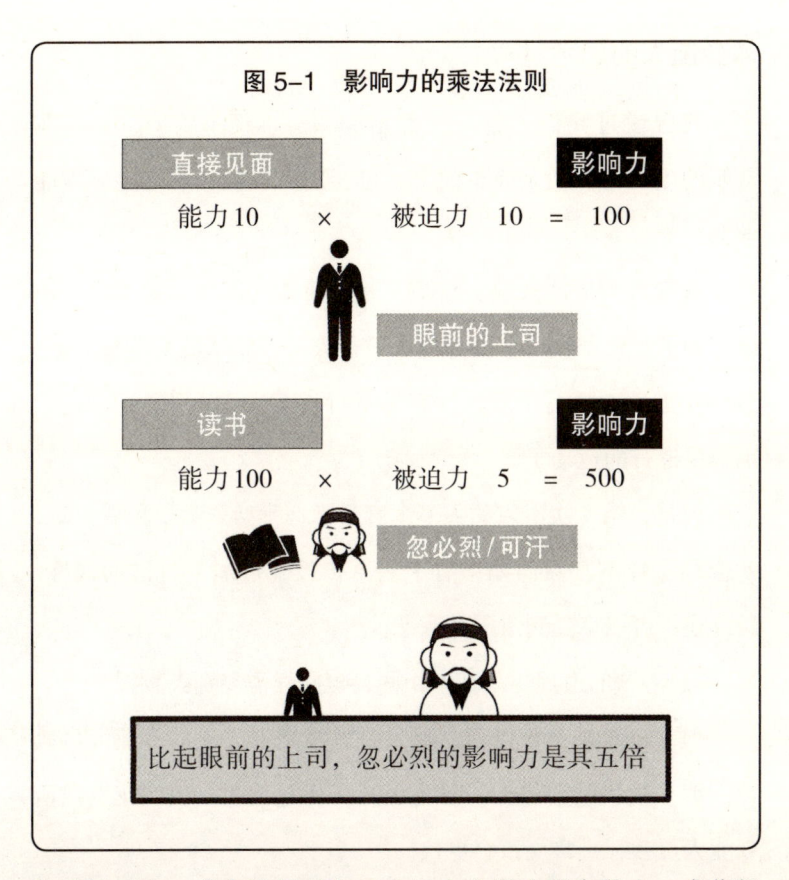

直接见面　　　　　　　影响力
能力 10　×　被迫力　10　=　100

眼前的上司

读书　　　　　　　　　影响力
能力 100　×　被迫力　5　=　500

忽必烈/可汗

比起眼前的上司，忽必烈的影响力是其五倍

然的见面中，总会遇见对自己今后人生影响很大的人，或获得有趣的信息等。下了决定"见这个人"，当见到后并没有像预期那样，而是让人大跌眼镜。大概很多人都有这种经历吧？

去见了如果觉得无聊，那可以回去。你说"身体不太舒服""还有工作"，30分钟左右将它结束，也并不会显得尴尬生硬。

体会前人的思考过程

我曾说过我们人类一点都不聪明。不仅不聪明,还是非常笨的生物。即使是简单的事,也要别人教授且训练之后才能学会。

就拿滑雪运动来说,它是一项很简单的运动,如果只考虑原理的话,谁都会滑。因为也不过是人站在涂蜡的平滑板面上,然后在雪坡上滑行,所以"容易滑行 × 容易滑行",就会是特别容易滑行的运动了。

但是,第一次滑雪的人不太容易掌握平衡。只要稍微一滑,就会马上摔倒。然而如果有了老手传授,再加上自己的训练,最终还是可以享受到滑雪的乐趣。

"思考"的道理与之基本相同,也同样需要别人教授。

但并不是谁都可以教。如果是思维培养方面的专业人员教授,那么很快就会进步。滑雪也是,比起让朋友教,花点钱请专业人员教,进步应该会更快。

所以,要想提高思考能力,首先最重要的是要请一位一流专家来教授。身边如果有这样的人那最好了,如果没有,那就阅读吧。

其中的目的,**不是为了知道结论,而是关注"思考的过程"**。像再体验先人的思考过程一般阅读,这样就可以训练自己的思维方式了(见图5-2)。

比如，我们在阅读亚当·斯密的《国富论》时，不是为了知道其推导出的"市场经济体制"这个结论，而是再感受一遍亚当·斯密推导出这个结论的思考过程。

这也是我在日本生命时代工作时前辈教给我的。"听别人讲话"并不是为了听这个人对某件事赞成或反对的想法。如果单

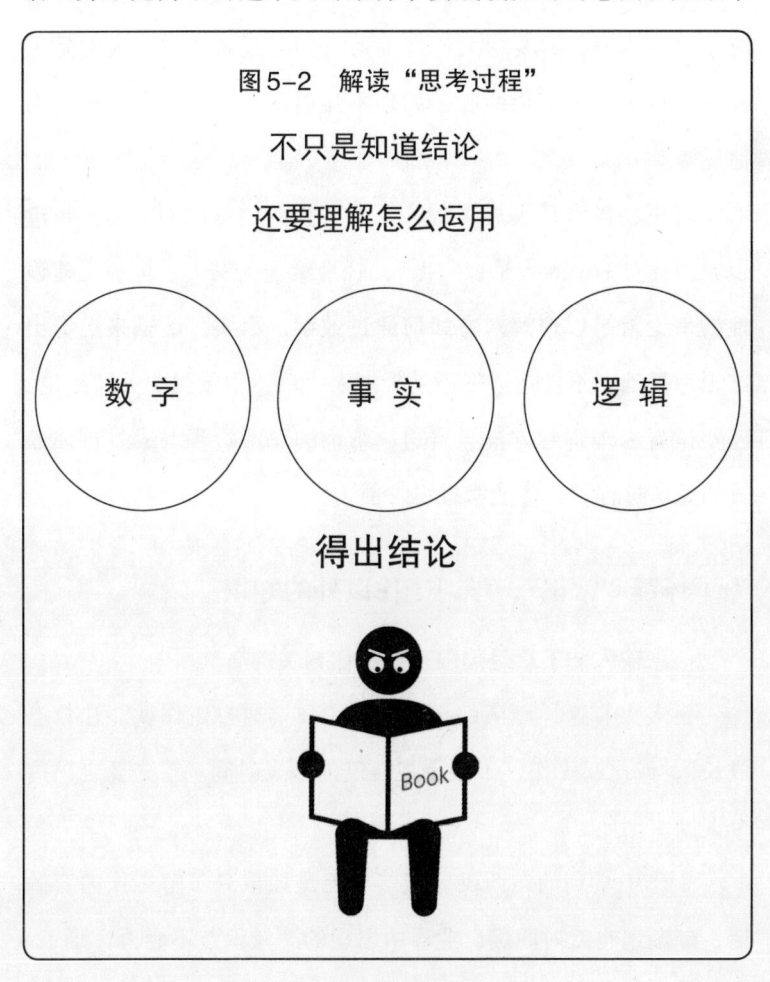

图5-2 解读"思考过程"

不只是知道结论

还要理解怎么运用

数字　　事实　　逻辑

得出结论

纯是想要知道其想法（或结论），那只要一分钟就可以了，听也就没有了意义。假设这个人赞成A方案，应该听听是如何思考并最后推断出"赞成"A方案的过程，了解其思考过程和思维方式至关重要。这才是"听别人讲话"的真正意义。

再比如，我们经常听别人议论TPP。无论是赞成还是反对，对于结论本身，只要尽力论述即可。如果是赞成，那人们是怎样思考得到这个结果的呢，如果不知道这一点，就没办法有力地反驳对方。

对事物没有认真思考的人，大多认为"赞成TPP的人是进步派，反对TPP的人是保守派"，轻易给他人贴上了标签。**建设性的争论就是以理解对方如何通过数字、事实、逻辑来推导出结论为基础**。不管是读书还是听别人讲话，不仅仅要关注结论，还要试着去理解对方推导出这一结论的思考过程。通过再体验式的思考过程后，才能掌握思考能力。

为了怀疑"常识"，学习工作以外的知识

信息输入并不只是局限在与工作相关的事。

很多人有这样顽固的想法——"只要通过工作就能让自己成长"，或比起工作，不太重视自己的私人时间。首先要走出这个误区。

工作中学到的东西确实很多，但是如果只了解工作内容的话，渐渐地也就对职场、业界中出现的"常识"不会再怀疑了。

打破砂锅问到底式地思考问题变得越来越难，最后，也就越来越不会做决定了。

我在日本生命保险公司这个典型的日本大企业工作了34年。常有人问我："既然这样，为什么出口先生还会有灵活的思考方式呢？"

问问题的人一定是觉得"长时间在大企业工作的人肯定充分习惯了这个企业的做事方式"。也许原本是该如此。

但我去了很多地方旅行，读了很多书，见了很多人，吸收了各种各样的外界信息。当然公司的前辈们也教了我很多知识，所以说，更多的是通过积极地走出去、阅览各种书籍、和公司以外的人接触交流才培养了我的准确直觉。商业决断的信息输入必须穷根究底，深刻认识人与人之间所创造的社会。基于这个解释，了解世界、学习历史、与人接触都是必不可少的。所以，没有比旅游、书本和人更好的信息输入方式了。

最终章

工作只占人生中的30%，该如何去决定

为了更好地活着

● 无法做决定的根本误区

01　无法做决定的根本误区

工作只占人生的30%

读到这，如果还有人觉得"对于工作，我无法做出决定"的话，我想那是因为其对人生的意义存在着根本的误解。

首先，以此为前提，这其中有两个认知误区。

一是这类人在自己整个人生中，把工作看得过分重要。

我常说"工作只占30%"，这当中是有根据的，先从"人生中有多少时间在工作"开始说起。假设一个人从出生到死亡一共有80年的寿命，在这当中，即使其从事的工作再怎么加班，最多也只占一生中的2~3成。那剩下的七成时间在干什么呢？当然是吃饭、睡觉、玩耍和养育子女。

既然如此，人生中最重要的事难道不是在这些"吃饭、睡觉、玩耍及养育子女"的时间中和谁一起度过吗？寻找陪伴自己一起度过私人时间的伙伴、搭档，比工作难得多，而且对人生的影响也更大。

既然如此，如果说人的一生中工作时间只有30%，那么工作就没有什么大不了的。既然没有什么大不了，那就尽情地干下去便是。

有些人或是事业失败，或被上司讨厌就觉得前途渺茫，就是产生了这种误区，认为工作在人生中占有90%的重要性。

另一个原因是**这类人高估了决定的难度**。

其实，工作中的决定比私下生活中的决定简单得多。公司中有章程和工作守则，也有明确的规划、提高收益的目标，把这个目标细分就是各自的任务了。

当你在为选A或B而犹豫时，那就根据工作目的来判断。看看哪个更合乎目的，选择它就会没错。没有比这更简单的事了。

但是恋人、夫妻之间的决定，用这个方法是不可行的。情感中不存在明确的规则，不同的人目的也不同。只有人与人之间赤裸裸的关系，没有正确的答案。

与之相比，可以说工作中90%的事是有正确答案的。不能说100%正确，但肯定存在合乎规则和目的的答案。认真想想，寻求正解并不是一件很难的事。

所以，人们无法在工作中做决定，是因其把工作当作恋爱一样。这样的误解使工作方面的判断变得更加复杂。

我建议大家首先重新定位工作在自己心目中的地位。大部分人只是模糊地认为"工作是非常重要的""不能失败"。

虽然我是从"人生中，工作只占三成"导入的，但其他方法也是可以的。即使你认为工作时间占了50%，那么除此之外人生还有剩余的50%。即使失败了，也是可以通过"这不是人生的全部"的想法来化解。

位子越高，越应该遵循"工作占三成"法则

经营管理者、职业经理等在职场中位子越高的人，往往越容易认为"工作就是人生的全部"。但是，这是非常不好的想法，这些人把兴趣爱好带入工作中，而且想要根据自己的喜好改变下属的想法。

总之，就是将工作私有化。

其中典型的例子就是希望下属像自己一样热爱工作，督促下属更加努力卖命地工作。这些人背离了原本的工作目的，却额外地加入私人感情，固执地坚持自己的想法。不管从哪个角度出发考虑，都是不合理的。按照自己的喜好来决定，事情也会变得更加复杂。

也有人提出"工作的美学"，但是美是个人主观决定的东西。如果我们根据自己的价值观来左右工作上的判断，是不会为人所理解的。

一旦上司出现这样的误解，下属就会迎合上司的喜好。这不是出于公司早先目的考虑，而是变成看上司脸色行事。当还要考虑其他事时，决定就变得更加艰难了。而且，公司的存在

也变得奇怪起来。

所以，职场中位子越高的人，**越应该遵循"工作占三成"法则**。把个人感情、兴趣爱好大肆发泄到70%的私人空间去吧。

"人生的30%"连接着世界经营计划的子系统

虽说"工作占30%"，但是也要认真思考在三成的工作中，有哪些非常重要的意义。

大家是否想过"对我来说，工作意味着什么"？

接下来，我先谈谈我自己理解的"工作的意义"吧。

首先，作为大前提，"工作是为了养活自己而挣钱"这一点不必多说。

我担任新兴企业的会长兼CEO，常忙得没时间吃午饭。到了下午三点，我整个人就变得坐立不安。

无论人类做出多少伟大的事业，我们也不过是正常生物。正如"仓廪实而知礼节，衣食足而知荣辱"，如果人不好好吃饭，就无法采取正确的态度和行动，什么都比饿死强。自己劳动挣钱吃饱饭才算是自立。

只是，人并不是一日三餐就能满足的。正如外国名言说道："人借食以生，不唯食而生。"

那么，食以外的东西（生存的价值）是什么呢？我将之称为"**世界经营计划的子系统**"。主要是指：我们把这个世界理解成什么样？想改变哪里？我们自身在这当中承担哪一部分？

所有人都是根据自己的想法理解周围的世界。这里的"世界"不仅仅指全宇宙或全世界,还包括生命保险界、出版业界,以及所属的地区、公司、家族等。没有人是对这个世界完全满意的吧。

因为人类有上进心,所以应该都会希望让世界变得更加美好。

总之,**不管是谁,都有世界经营计划。只不过凭个人力量改变世界很难**。世界经营计划的主系统只有神才能担负。不过,人类也可以担负其中一部分,那就是"世界经营计划的子系统"。

工作是"世界经营计划的子系统"和其"只占30%"这两点并不矛盾,可以兼容。"只占30%"到底意味着什么呢?我也曾刨根问底地思考过。

关于工作与自己人生的关系,请大家再认真考虑一下。

如果你能考虑到让自己心领神会的话,那么你的决断力、直觉应该都会进一步得到磨炼。

后 记

　　身为一名记者，目前为止我已经撰写了约30部成功学方面的书籍，通过各式各样的媒体采访了许多企业经营者和创业人士。其中让我印象最深刻的要数出口治明先生。

　　初次见面是在2013年春天，当时出口先生脸上挂着亲切的笑容，乐呵呵地到门口迎接我。开始采访时，他说了这么一句话：

　　"关于采访的心得，无论是好与坏，什么都行，请用自己的语言写下来。"

　　我吃了一惊。以前采访对象常对我说"请好好总结"，让我"无论什么事都写下来"的人还是头一次碰到，而且还是用自己的话。这让我从一开始便热血沸腾起来。

　　在接下来九个多小时的采访中，出口先生不断展示出他那压倒性的智慧。那些言语正是出口先生亲自深思熟虑后说出来的。与此相比，我为自己的提问浮于常识、想法肤浅而感到羞愧。即使这样，出口先生还反复耐心地问我："你不这样认为吗？"

采访结束后，我不知道向多少人述说了出口先生的话。当朋友找我谈工作上的事时，我会骄傲地说："出口先生肯定这样想的。要根据数字、事实和逻辑进行思考。"潜移默化中，我的思考方式也受到了很大的影响。

本书中谈到的内容，虽极其普遍却并不简单。只要你了解了出口先生的思维，一点一滴不懈努力，我坚信不仅在商业方面，而且在人生中你也会变得更加美好。

最后，我要再次感谢出口先生在此留页让我发言。谢谢！

采访/编辑　小川晶子

出版后记

日本生命网络人寿保险公司作为日本首家互联网寿险公司，掀起了日本保险行业的革新浪潮。而出口治明作为其创始人兼董事，从公司创立之初起历经了大大小小的挑战，本书列举了其工作中自身或与下属筹划交流事项的案例，配上生动明晰的图例，为我们阐述如何通过"数字·事实·逻辑"快速正确做出决定，完成工作任务。

做决定并不难，难的是要摒弃心中杂念，一心一意专注于眼前事务。希望各位读者读后能思考清楚工作与人生的关系，也有利于明确工作目的，磨练自己的直觉与决断力，使做决定的过程更高效。

服务热线：133-6631-2326　188-1142-1266

服务信箱：reader@hinabook.com

后浪出版公司
2017年12月

图书在版编目（CIP）数据

当机立断 /（日）出口治明著；黄宝虹译. -- 南昌：江西人民出版社，2018.2
 ISBN 978-7-210-09904-8

Ⅰ. ①当… Ⅱ. ①出… ②黄… Ⅲ. ①思维方法—通俗读物 Ⅳ. ① B804-49

中国版本图书馆CIP数据核字（2017）第267807号

HAYAKU TADASHIKU KIMERU GIJUTSU by Haruaki Deguchi
Copyright©2014 Haruaki Deguchi
All rights reserved.
Original Japanese edition published by Nippon Jitsugyo Publishing Co., Ltd.
Simplified Chinese translation copyright©2017 by Ginkgo (Beijing) Book Co., Ltd. Industry.
This Simplified Chinese edition published by arrangement with Nippon Jitsugyo Publishing Co., Ltd., Tokyo, through HonnoKizuna, Inc., Tokyo, and Bardon Chinese Media Agency

版权登记号：14-2017-0527

当机立断：通过"数字·事实·逻辑"做决定

作者：[日] 出口治明　　译者：黄宝虹
责任编辑：辛康南　　特约编辑：张冰子　　筹划出版：银杏树下
出版统筹：吴兴元　　营销推广：ONEBOOK　　装帧制造：MM末末美书
出版发行：江西人民出版社　　印制：北京京都六环印刷厂
889毫米×1194毫米　1/32　4.5印张　字数51千字
2018年2月第1版　2018年2月第1次印刷
ISBN 978-7-210-09904-8
定价：36.00元
赣版权登字-01-2017-882

后浪出版咨询(北京)有限责任公司 常年法律顾问：北京大成律师事务所
周天晖 copyright@hinabook.com
未经许可，不得以任何方式复制或抄袭本书部分或全部内容
版权所有，侵权必究
如有质量问题，请寄回印厂调换。联系电话：010-64010019